한눈에 보는 효창공원의 나무

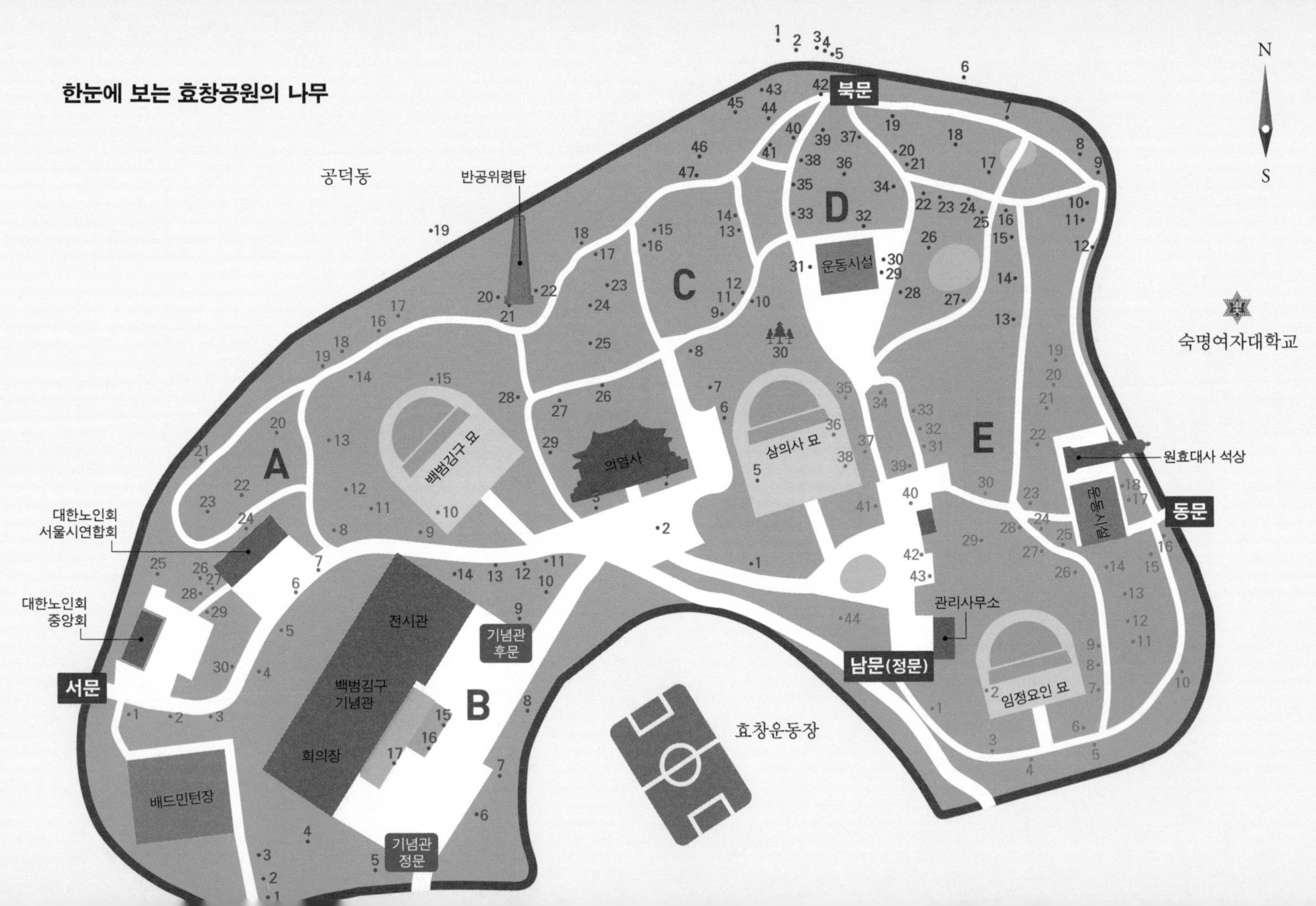

A 서문 주변

1 가죽나무
2 팽나무
3 산뽕나무
4 아카시나무
5 고욤나무
6 모과나무
7 감나무
8 벚나무
9 산뽕나무
10 팽나무
11 양버즘나무
12 산수국
13 네군도단풍
14 산수유
15 무궁화
16 누리장나무
17 산수유
18 산수유
19 일본목련
20 단풍나무
21 때죽나무
22 은행나무
23 느티나무
24 잣나무
25 백목련
26 산사나무
27 산수유
28 산딸나무
29 쥐똥나무
30 벚나무

B 백범김구기념관 주변

1 양버즘나무
2 가죽나무
3 산뽕나무
4 상수리나무
5 불두화
6 복자기나무
7 팽나무
8 층층나무
9 배롱나무
10 복자기나무
11 자목련
12 층층나무
13 자귀나무
14 상수리나무
15 배롱나무
16 자귀나무
17 철쭉

C 의열사 주변

1 낙상홍
2 팽나무
3 배롱나무
4 배롱나무
5 은행나무
6 무궁화
7 조릿대
8 양버즘나무
9 낙상홍
10 노박덩굴
11 좀작살나무
12 덜꿩나무
13 덜꿩나무
14 가막살나무
15 산수유
16 살구나무
17 노박덩굴
18 살구나무
19 해당화
20 산뽕나무
21 살구나무
22 향나무
23 사방오리
24 리기다소나무
25 리기다소나무
26 자귀나무
27 감나무
28 쥐똥나무
29 모과나무
30 소나무숲

D 북문 주변

1 남천
2 홍매화
3 꽃사과나무
4 참빗살나무
5 능소화
6 영춘화
7 앵도나무
8 낙우송
9 개나리
10 낙우송
11 족제비싸리
12 개나리
13 밤나무
14 벚나무
15 버드나무
16 상수리나무
17 오리나무
18 비술나무
19 회화나무
20 느티나무
21 갈참나무
22 쉬땅나무
23 좀작살나무
24 병꽃나무
25 물오리나무
26 상수리나무
27 흰말채나무
28 측백나무
29 보리수나무
30 대나무
31 은단풍
32 등나무
33 물오리나무
34 갈참나무
35 이팝나무
36 산수유
37 생강나무
38 노각나무
39 느티나무
40 눈주목
41 노각나무
42 사철나무
43 개나리
44 은단풍
45 회화나무
46 사방오리
47 댕댕이덩굴

E 남문(정문) 및 동문 주변

1 사철나무
2 오동나무
3 서어나무
4 자귀나무
5 불두화
6 불두화
7 물오리나무
8 팽나무
9 때죽나무
10 나무수국
11 중국굴피나무
12 아카시나무
13 조릿대
14 느티나무
15 황매화
16 수수꽃다리
17 산수유
18 산딸나무
19 감나무
20 모과나무
21 향나무
22 물박달나무
23 산딸나무
24 양버즘나무
25 아카시나무
26 밤나무
27 벚나무
28 스트로브잣나무
29 칡
30 산딸나무
31 화백나무
32 쥐똥나무
33 산사나무
34 서어나무
35 상수리나무
36 서어나무
37 갈참나무
38 은행나무
39 독일가문비나무
40 감나무
41 배롱나무
42 양버즘나무
43 느티나무
44 느티나무

효창숲에 가면 그 나무가 있다

나남
nanam

나남신서·1860

효창숲에 가면 그 나무가 있다

2016년 4월 20일 발행
2016년 4월 20일 1쇄

지은이 김지석·함희숙·김수정
발행자 趙相浩
발행처 (주)나남
주소 10881 경기도 파주시 회동길 193
전화 031-955-4601(代)
FAX 031-955-4555
등록 제1-71호(1979.5.12)
홈페이지 http://www.nanam.net
전자우편 post@nanam.net

ISBN: 978-89-300-8860-9
ISBN: 978-89-300-8655-4(세트)

책값은 뒤표지에 있습니다.

효창숲에 가면 그 나무가 있다

김지석·함희숙·김수정

나남
nanam

숲에 가면 행복해요

김의식
한국숲해설가협회 전 대표

숲을 좋아하는 사람들은 계절을 가리지 않고 이 산 저 산 숲을 찾아가는 수고를 아끼지 않습니다. 꽃 피는 봄철에는 말할 것도 없고 차가운 겨울에도 흰 눈 쌓인 숲에 누워 나뭇가지 사이로 보이는 파란 하늘을 즐기기도 합니다.

숲은 도시를 떠나야만 만날 수 있는 것이 아닙니다. 요즘은 우리 생활권 가까이에서도 좋은 숲을 얼마든지 만날 수 있지요. 이때 약간의 숲 공부가 필요합니다. 하지만 더 중요한 것은 자연을 바라보는 따스한 눈길과 성실함이 있어야만 보석 같은 숲의 가치를 발견할 수 있다는 점입니다. 숲을 잘 알고 설명해 주는 사람이 숲해설가입니다. 이런 역할을 해줄 책을 만나 추천해 드립니다.

숲을 사랑하는 저자는 직장 가까이에 있는 '효창공원'의 나무와 풀꽃들을 여러 해에 걸쳐서 정성스럽게 찾아가 눈을 맞추며 연구하였군요. 모양이 비슷하여 헷갈리기 쉬운 식물들을 쉽게 구별할 수 있는 방법을 알려 주고, 자연의 변화에 따르는 경이로운 식물의 생리와 구조도 알기 쉽게 풀어 줍니다. 절기에 따라 만나 볼 수 있는 식물들로 분류하여 설명하고, 우리 생활에서 식물들을 이용하는 방법과 우리나라 역사에 나타나는 다양한 풀 나무들의 이야기도 재미있게 풀어 갑니다. 또한 숲에서 꽃이나 열매, 나뭇잎을 가지고 놀 수 있는 방법을 알려 주고 숲 해설가들의 스토리텔링 소재도 제공합니다.

숲에 대해서 많이 알면 사랑하게 되고 사랑하면 행복해집니다. 이 책은 우리 가까이에 있는 도시숲인 '효창공원' 및 인근의 나무와 풀꽃을 관찰한 기록일 뿐 아니라, 발밑의 쇠별꽃 하나에서부터 저 하늘의 느티나무 가지 하나에까지 애정을 갖고 우리의 삶과 연결된 풍성한 이야기를 담은 책입니다. 효창공원이라는 특정한 장소의 식물이지만 이들은 우리 주변의 여느 공원이나 아파트 단지, 나아가 주변 산에서도 자주 만날 수 있는 것들입니다. 책을 읽다 보면 숲에 대한 지식이 부족한 사람도 저자와 함께 숲을 호흡하고 그 이야기에 공감할 수 있으며, 전문가인 숲해설가들도 하나하나 귀중한 자료들을 통해 숲 이야기를 정리해 볼 수 있습니다.

숲은 우리 삶의 원천이며 행복을 느낄 수 있는 장소입니다. 이 책에서 얻는 숲과 자연에 대한 지식과 경험을 바탕으로 '우리의 숲'을 만나 보도록 합시다.

자연이 주는 즐거움, 효창공원의 나무와 풀꽃에서 알아 갑니다.

성장현
용산구청장

대한민국 70년의 아픈 역사와 함께한 서울 용산은 애국선열들의 흔적이 많은 지역입니다. 그중에서도 '효창공원'이 지닌 의미는 남다를 수밖에 없습니다. 원래 효창원이었던 이곳은 정조의 첫째 아들 문효세자와 그의 어머니 의빈 성씨의 무덤이 일제강점기에 서삼릉으로 강제 이장당하면서 효창공원이 되었습니다.

지금은 조국독립을 위해 목숨을 바치신 이봉창·윤봉길·백정기 의사와 임시정부 주석이신 백범 김구 선생을 비롯해 이동녕·조성환·차이석 선생의 묘와 안중근 의사의 가묘가 함께 있는 유서 깊은 공원으로, 순국선열들의 애국정신이 온새미로 스며 있습니다. 안 의사의 유해를 찾으면 이곳에 안장될 예정으로 더욱더 의미가 깊다고 하겠습니다.

효창공원을 채우고 있는 것은 역사적 아픔과 나라를 위해 목숨을 바치신 순국선열들의 정신만이 아닙니다. 눈을 크게 뜨고,

마음을 열어 살펴보니 나무와 풀꽃들도 늘 그 자리에서 우리들과 함께하고 있었습니다. 무심코 지나칠 뻔했던 자연에 말을 걸고 그들이 건네는 이야기를 담은 이 책을 통해 효창공원의 또 다른 매력을 확인할 수 있습니다.

책을 따라가다 보니 계절마다 바뀌는 공원의 풍경이 눈앞에 펼쳐집니다. 문득 겨울을 이기고 봄을 맞이하는 나무와 풀꽃들의 생명력을, 어느 날 갑자기 가지에서 피어오른 붉은 꽃의 신비로움을 잊고 지내 왔다는 사실을 깨달았습니다. 자연이 선사하는 즐거움에 다시금 빠져드는 기분입니다.

책에서는 별꽃, 쇠별꽃, 상사화, 유홍초, 덜꿩나무, 국수나무 등 이름은 낯설지만 공원 곳곳에서 자라나고 있는 170여 종의 나무와 풀을 소개합니다. 이들이 어떻게 불리는지는 물론 작은 특징 하나까지도 놓치지 않은 필자들의 통찰력에 다시 한 번 감탄하게 됩니다.

매서웠던 추위가 물러난 햇살 좋은 봄날에, 뜨거운 햇볕 속에서도 선선한 그늘과 매미 소리를 즐길 수 있는 여름날에, 색색의 단풍이 반기는 가을날에, 가족 또는 친구들과 함께 이 책을 들고 효창공원 나들이를 나서 보는 것은 어떨까요. 새로운 사실을 알아 가는 만큼 자연이 주는 즐거움은 배가될 것입니다.

나무와 풀이 주는 즐거움

'친구하기'의 출발

나무와 풀은 사람에게 좋은 기를 준다. 그 메커니즘은 두 가지로 설명할 수 있다. 우선 식물에게 마음을 전하면 나에게 좋은 변화가 일어난다. 사랑하는 사람을 생각하는 것만으로도 기분이 좋아지는 것과 같다. 내 속의 에너지가 긍정적인 쪽으로 재편된다고 해도 좋다. 다음으로, 식물은 실제 좋은 기운을 내뿜는다. 식물이 있는 곳에서는 공기가 맑고 싱싱하다. 습도가 조절되고 햇볕도 걸러진다. 그래서 식물과 가까워지면 몸과 마음 모두 변화와 즐거움을 느낄 수 있다.

'나무(식물)와 친구하기'의 첫걸음은 이름을 불러 주는 것이다. 이름을 모르면 남이다. 그냥 나무이고 풀일 뿐이다. 관심을 갖고 마주칠 때마다 이름을 부르다 보면 어느 순간부터 기가 오간다. 식물은 어디에나 있고, 이들의 기를 느끼는 게 소통의 시작이다. 사람은 수백만 년 동안 숲에서 살았다. 도시로 나오기 시작한 지 불과 수천 년밖에 되지 않는다. 그래서 사람의 유전자 속에는 식물과 소통할 수 있는 능력이 내재돼 있다. 식물의 기는 우주에 충만한 기의 일부분이다. 식물의 기는 매일 새로워지기에 무한하다. 식물과 더 자주, 더 많이 소통할수록 더 풍부한 기를 얻을 수 있다. 어느 순간부터 삶의 질이 달라진다. 나아가 나무와 풀을 좋아하는 것은 기후변화 대응, 생물다양성 보전, 사막화 방지 등 인류의 과제에 동참하는 것이기도 하다.

효창공원의 모습과 식생

효창공원은 서울역에서 얼마 떨어지지 않은 용산구에 있다. '용산'이란 인왕산-안산에서 뻗어 나와 한강까지 이어지는 긴 능선줄기를 말한다. 효창공원은 그 능선줄기의 중간 지점 부근에 있다. 용산구 효창동과 청파동, 마포구 공덕동과 신공덕동이 공원과 접한다. 이 공원의 전신은 효창원이다. '원'은 세자와 세자비의 무덤을 말하며, 왕과 왕비의 무덤은 '능', 다른 왕족의 무덤은 '묘'라고 했다. 백수십 년 이상 잘 보존되던 효창원은 일제에 의해 군대 주둔지 등으로 훼손되다가 일제강점기 말에 공원으로 지정됐다.

효창공원의 크기는 애초 5만여 평으로, 동도와 서도를 합친 독도 넓이와 비슷했다. 1960년에 남쪽으로 효창운동장이 들어서면서 좁아져 지금의 공원은 3만 7천 평 정도다. 공원 안에는 백범 김구의 묘, 윤봉길·이봉창·백정기 열사(삼의사)의 묘, 임시정부 요인인 이동녕·차이석·조성환의 묘, 이 일곱 분의 영정을 모신 사당인 의열사, 대한노인회 중앙회와 서울시연합회(서울 노인회) 건물 등이 흩어져 있다. 공원 한가운데에 삼의사 묘가 자리한다. 삼면이 능선으로 둘러싸이고 남쪽이 트인 길지다. 공원 정문에서 왼쪽으로 담을 따라 조금 가면 2002년에 지은 백범김구기념관 건물이 있다.

위에서 내려다보는 효창공원의 전체 모양은 찌그러진 원형이다. 남쪽의 정문 부근에 광장과 연못이 있다. 반대쪽 북문 부근에도 운동시설이 있는 작은 광장과 연못이 자리한다. 동문 부근에도 농구장과 운동시설이 있는 작은 광장이 있고, 서문 부근에는 노인회 건물과 배드민턴장이 있다. 묘지와 이 시설들 외엔 모두 숲이나 풀밭이다. 숲은 키가 5미터 이상인 나무가 10퍼센트 이상 덮여 있고 면적이 0.5헥타아르(1,500평) 이상인 땅을 말한다(2005년 세계산림자원평가).* 이 기준으로 보면 효창공원은 훌륭한 숲이 된다. 공원에는 산책로가 여러 방향으로 나 있어 골라 가며 즐길 수 있다. 한 번에 모든 곳을 둘러보려면 상당한 시간이 걸린다. 맨 바깥쪽으로 한 바퀴 돌면 1,820미터다.

효창원 시절에는 소나무 숲이 중심이었던 것으로 보인다. 그 흔적은 묘지와 그 부근에 특히 뚜렷하게 남아 있다. 전체 식생 면적에서 소나무가 차지하는 비율은 3분의 1 정도다. 그 밖의 나무들의 분포를 보면 해방 이후 여러 차례 조림이 이뤄진 것을 알 수 있다. 그러면서 효창숲의 식생은 다양한 내용을 갖게 됐다. 첫째는 묘지 안팎을 포함한 전통적인 왕실시설의 성격이다. 이 구역 식생은 소나무와 무궁화를 비롯한 몇몇 나무로 제한돼 있다. 둘째는 빨리 잘 자라는 속성수를 중심으로 한 조림지의 식생이다. 아카시나무, 양버즘나무, 벚나무, 리기다소나무, 물오리나무, 사방오리 등이 그렇다. 셋째는 마을숲의 성격이다. 부근 사람들의 삶과 휴식의 무대가 되면서 사람의 간섭을 싫어하지 않고 도움도 주는 나무들이 꾸준히 늘었다. 느티나무와 팽나무, 참나무 무리와 밤나무·감나무·살구나무·모과나무 등 각종 유실수, 산뽕나무, 잣나무, 회화나무 등이 그것이다. 넷째는 도시공원의 성격이다. 최근으로 오면서 공원에서 흔히 볼 수 있는 나무와 풀이 늘고 있다. 이런 과정을 거치면서 효창공원은 우리나라 곳곳에 있는 마을숲이나 공원과 비슷하면서도 다른 모습이 됐다. 효창공원의 나무와 풀과 친해지고 즐거움을 누린다면 다른 곳에서도 그렇게 할 수 있을 것이다.

'나무모임'과 이 책의 구성

집이나 일하는 곳 가까이에 공원이 있는 것은 큰 행운이다. 하지만 회사가 서울 마포구 공덕동에 자리를 잡은 1990년대 초반부터 몇 년 동안은 그것이 행운인지도 몰랐다. 어느 날부터 부근 효창공원을 산책하기 시작했다. 작은 노력으로 건강관리를 해보겠다는 마음에서다. 그러면서 자연스럽게 공원의 식생에 관심이 생겼고 나무와 조금씩 친해졌다.

우연찮게 비슷한 생각을 가진 사람들이 모였다. 시간을 정해 함께 공원을 돌면서 나무와 풀을 관찰하기로 했다. 이름을 '나무모임'이라고 붙였다. 참가자들은 모두 〈한겨레〉 신문 전·현직원이거나 그 가족이다. 다 모이면 10명가량 되지만 보통 4~5명이 참가한다. 처음에는 부정기적으로 모이다가 2014년 초부터 정례화했다. 공원 전체를 세 코스로 나눠 매주 한 코스씩 돌고 있다. 코스마다 한 시간쯤 걸린다. 3~4주마다 같은 코스를 찾으면 식물들이 모습을 바꾸는 과정을 잘 확인할 수 있다.

이 책은 나무모임의 활동이 바탕이 됐다. 나무는 100여 종, 풀은 70종 정도가 나온다. 우리 곁에 이렇게 다양한 나무와 풀이 있는 것 자체가 놀랍다. 효창숲과 그 주변에는 이 책에 담지 못한 수십 종의 나무와 수백 종의 풀이 더 있다. 식물의 생명력이 무한하다는 사실을 알고 나면 겸허해질 수밖에 없다.

이 책은 절기에 따라 시기를 나눠 나무와 풀을 소개한다. 꽃 피는 시기를 기준으로 했으나 분류가 쉽지 않아 그렇지 않은 것도 상당히 있다. 선조들이 한 해를 24절기로 구분한 것은 보름마다 대기의 기운이 달라진다고 봤기 때문이다. 예를 들어 입춘은 2월 6일 전후의 하루를 가리키기도 하지만 다음 절기까지의 15일을 지칭하기도 한다. 봄이 2월 6일에 시작되는 게 아니라 그때부터 보름 사이에 오는 것이다. 24절기는 농경문화를 배경으로 한다. 그래서 대부분 도시에서 사는 요즘 사람들의 생활감각과는 잘 맞지 않는 면이 있을 수 있다. 하지만 해의 길이를 중요한 기준으로 해서 진화한 식물에게는 절기 구분이 여전히 타당하다.

몇 해 동안 관찰한 효창숲의 식생은 절기와 잘 들어맞는다. 지구온난화 등 기후변화의 영향 또한 절기의 효용성을 낮추기보다는 더 높이는 듯하다. 겨울철의 온도가 좀 올라가면서 입춘이 한겨울에 있는 것 같은 느낌이 줄어든 게 대표적인 사례다. 굳이 예외를 찾자면 입추 정도다. 8월 초순이 입추인데, 최근 해마다 경험하듯이 9월 중순까지 더위가 가시지 않는다. 하지만 광복절쯤에 여름이 꺾이는 것을 생각하면 여전히 입추 시기에 기의 변화가 일어나는 것을 알 수 있다. 식물은 이를 사람보다 더 잘 안다.

각 장의 절마다 끝부분에 '더보기 해보기' 난을 붙였다. 하나씩 시도해 보면 나무와 풀을 보는 즐거움이 배가될 뿐 아니라 그들과 더 가까워짐을 느낄 수 있을 것이다.

이 책의 초고는 김지석이 쓰고 함희숙과 김수정이 폭넓게 보완했다. '더보기 해보기' 난은 숲해설가인 함희숙이 전담했다. 사진은 대부분 김수정이 현장에서 찍은 것이며, 부족한 부분은

박병원 현 경총회장님과 지인들이 제공한 사진을 자료로 사용했다. 귀한 사진을 기꺼이 내주신 숲친구들과 흔쾌히 추천사를 써주신 김의식 한국숲해설가협회 전 대표님, 성장현 용산구청장님께 감사드린다. 이 책이 나올 수 있도록 격려해 주신 나남출판사의 조상호 회장님과 고승철 주필님, 훌륭한 의견을 많이 제시해 준 이유진 편집자님께도 고마움을 전한다.

효창숲에 가면 친구처럼 든든한 그 나무가 있다. 함께 계절여행을 떠나 보자.

저자들과 지인들이 함께 나남 수목원에서 ⓒ황신

---

* 이돈구(2012), 《숲의 생태적 관리》, 2쪽.

효창숲에 가면 그 나무가 있다

차 례

3장
입하에서 하지까지

4장
하지에서 입추까지

5장 입추에서 추분까지

6장 추분에서 입동까지

입춘에서 춘분까지

1장

이 시기는 2월 초순부터 3월 하순의 초입까지다. 봄이 왔음에도 겨울이 채 물러가지 않은 기간이다. 식물들의 생명활동이 활발해지지만 겉으로 뚜렷하게 드러나지 않는 경우가 많다. 물이 잔 위쪽까지 차오르기 전에는 잘 보이지 않는 것과 같다.

고단한 우리 삶이 갑자기 벼락 맞듯 나아질 수는 없다. 알게 모르게 살림이 조금씩 펴지다 보면 어느 날 문득 한숨을 돌리게 된다. 자연도 봄을 차곡차곡 쌓아 나간다. 알게 모르게 겨울이 조금씩 밀려 나간다. 공원을 돌며 허리를 낮춰 땅 빛깔을 살피고 나무에 귀를 기울이면, 어디선가 미세한 떨림이 느껴지고 활발한 고동소리가 들린다. 어김없이 봄이 들어서고 있다.

봄맞이 나무

은단풍, 영춘화, 개나리, 홍매화, 산수유, 생강나무, 명자나무

나무의 봄은 어디에서 시작될까? 바로 겨울눈이다. 겨울눈에는 새로 나올 잎과 가지와 꽃의 모습이 다 들어 있다. 2월 초쯤이면 겨울눈의 변화가 뚜렷하게 감지된다. 하루가 다르게 커지면서 윤기가 흐른다. 동물들이 새끼를 낳기 전에 배가 불러 오는 것과 비슷하다. 겨울눈 가운데 대개 둥근 것은 꽃눈이고 길쭉한 것은 잎눈이다. 꽃과 잎이 같이 들어 있는 혼합눈도 있다.

효창공원에서 가장 먼저 봄맞이를 하는 나무는 은단풍이다. 여러 해 동안 공원을 다닌 뒤에야 비로소 알았다. 키가 큰 나무여서 올려다보지 않으면 알아채기가 쉽지 않기 때문이다. 은단풍 가지에 달린 꽃눈은 2월 초순에 빨간 빛깔을 드러낸다. 꽃이 피기 시작한 것이다. 어두운 가지에서 어느 날 갑자기 나타나는 붉은 빛은 신비롭기까지 하다. 단풍나무 무리들의 꽃은 작다.

은단풍꽃이 가지마다 만발한 모습(3월 초)과 가까이에서 찍은 수꽃.

그래서 꽃을 보지 못한 사람도 많을 것이다. 그나마 은단풍 꽃은 주변에서 볼 수 있는 단풍나무 무리 가운데 가장 크다. 이 무렵 매일 관찰해 보면 마른 가지에 붉은색 꽃이 번져 가는 장관을 즐길 수 있다. 3월 초에는 나무 전체가 은은하게 붉어진다. 꽃 크기도 호두알만 해진다. 때 아닌 단풍이 든 것 같다. 꽃샘추위도 은단풍은 비켜 간다.

은단풍은 북미 지역에서 온 나무다. 손바닥 모양의 잎 뒷면에 흰 털이 많아 그런 이름이 붙었다. 그쪽에선 흔한 나무이지만 우리나라에선 그렇지 않다. 효창공원 은단풍은 북문 오른쪽에 열 그루 가까이 있다. 운동시설 바깥 길에 있는 나무에 꽃이 가장 많다. 효창공원의 은단풍은 나무를 좋아하는 사람들에게 나

담장 위에 핀 영춘화꽃(3월10일께).

름대로 알려져 있다. 이를 보려고 멀리서도 찾아온다. 좋은 나무는 그 자체로 역사가 된다.

그 다음은 영춘화다. 3월 초에 다른 나무보다 일찍 노란 꽃을 피운다. '영춘'(迎春)이라는 말 그대로 봄맞이 꽃이다. 향기는 없지만 화사함이 있어서 담벼락에 심기에 딱 좋다. 북문 바깥쪽 주택의 담벼락 위에 영춘화 가지 수십 개가 늘어뜨려져 있다. 가지마다 앙증맞은 꽃이 또 수십 개씩 달린다. 얼른 보면 개나리와 비슷하다. 잎이 마주나는 것도 같다. 하지만 영춘화는 꽃잎이 6개로 갈라지고 개나리는 4개로 갈라진다. 줄기도 개나리가 좀더 굵고 거칠다. 영춘화는 나중에 잎이 나면 3개씩 마주 붙지만(삼출엽) 개나리는 그냥 1개씩 마주난다. 영춘화와 개나리를 구별하고, 벚나무와 느티나무를 집어내는 것이 나무모임의 시작이다.

활짝 핀 개나리꽃(3월 말).

개나리는 공원 안 담을 따라 여러 곳에 있다. 흔히 개나리를 봄맞이 꽃으로 꼽지만 이곳에서는 3월 하순이 돼야 꽃이 피기 시작한다. 개나리에는 아련한 정서가 있다. 꽃이 없을 때는 거친 잡초 같아서 더 그렇다. 개나리의 '개'는 들판이라는 뜻이다. 우리나라에서는 오래 전부터 야산에서 자생하는 백합 종류를 통칭해서 개나리라고 불렀다. 그런데 일제강점기에 백합이 참나리 또는 나리라는 이름을 차지하면서 백합과는 전혀 다른 나무가 개나리가 되고 말았다. 이때의 '개'에는 낮춰 보는 의미가 담겨 있다. 하지만 개나리는 그렇게 하잘것없는 나무가 아니다. 봄을 인도하는 토착종 나무의 으뜸이다. 그래서 가지꽃나무라는 옛 이름을 되살려야 한다는 주장이 설득력 있게 들린다.

공원 안에 매화 종류는 보이지 않는다. 하지만 바로 곁에 있다. 북문 부근 요양원 앞뜰에 있는 홍매화가 3월 중순에 피기 시작한다. 수천 개의 꽃망울이 나무 전체를 붉게 물들인다. 며칠이 지나자 꽃사태가 몰아친다. 너무 강렬해서 일부러 만든 조형물이라는 생각까지 들 정도다. 안타깝게도 오래가지는 못한다. 봄의 깃발을 활짝 올린 뒤 조용히 뒤로 물러선다. 한두 차례 나무모임에 빠진 사람은 장관을 놓칠 수밖에 없다.

매화는 품종이 다양해서 일일이 구별하기 어렵다. 꽃은 수백 종, 열매인 매실은 수십 종이 된다고 한다. 꽃 색깔에 따라 (백)매화, 청매화, 분홍매화, 홍매화 정도로 구분하면 되지 않을까 싶다. 백매화는 꽃잎이 서늘할 정도로 하얗다. 보통 얘기하는 매화다. 청매화는 꽃받침이 녹색이다. 꽃술이 모여 있는 가운데 부분은 붉은 빛이 돈다. 분홍매화는 꽃받침이 붉고 꽃잎은 분홍색이다. 홍매화는 꽃 전체가 붉은색이다. 요즘에는 매실이 꽃보다 더 인기가 있는 모양인데, 청매실은 청매화에만 달리는 것이 아니라 익지 않은 녹색 매실을 말한다.

매화는 꽃 이름이자 나무 이름이다. 매화뿐만 아니라 목련이나 모란처럼 꽃이 유명한 나무는 종종 꽃 이름이 곧 나무 이름이 되기도 한다. 하지만 유실수는 사과나무나 밤나무처럼 대개 열매 이름 뒤에 나무를 붙여 부르는 게 보통이다. 그래서 매화꽃만이 아니라 나무 전체를 지칭할 때는 매실나무라고 하는 게 더 일관성이 있다.

만발한 홍매화꽃(3월 말).

3월 중순이 되면 산수유와 생강나무도 노란 꽃을 피우기 시작한다. 산수유는 곳곳에 있으나 서쪽 담장 안쪽 가운데 구역과 동문 부근 광장에 모여 있는 게 눈에 잘 띈다. 중국이 원산지인 산수유는 '산에서 자라는 수유(한약재 이름)가 달리는 나무'라는 뜻이다. 생강나무는 이름처럼 가지와 잎에서 생강 냄새가 난다. 북문 부근에 여러 그루가 있다.

두 나무의 꽃은 강렬하다. 다른 나무보다 일찍 마른 가지에 노란 꽃을 가득 달며 주위 분위기를 압도하는 점에서 닮았다. 좀 떨어져서 보면 구별하기가 만만치 않다. 하지만 둘은 여러 면에서 다르다. 우선 생강나무 꽃은 자루가 짧아 줄기에 바로 붙어 있는 것처럼 보이는 반면, 산수유는 멀리서도 꽃자루를 알아볼 수 있다. 따라서 꽃이 활짝 폈을 때 산수유는 노란 꽃이 공간을 거의 채우는 데 비해 생강나무는 빈틈이 생긴다. 그래서 나무 뒤쪽에 사랑하는 사람이 서 있을 때 얼굴을 알아볼 수 있으면 생강나무이고 그렇지 않으면 산수유라는 얘기가 있다. 또, 생강나무는 잎이 어긋나게 달리고 산수유는 마주 붙는다. 따라서 잎이 없어도 겨울눈의 위치를 보면 알 수 있다. 또 하나의 차이점은 생강나무는 떨기나무이고 산수유는 작은키나무여서 다 자랐을 때는 산수유가 더 크다는 것이다. 떨기나무(관목)는 대개 4미터 이하, 작은키나무(아교목)는 4~8미터, 큰키나무(교목)는 8미터 이상까지 자라는 나무를 말한다. 요즘 새 아파트 단지

산수유꽃과 생강나무 꽃(3월20일께). 생강나무 꽃은 가지에 딱 붙어 뭉쳐서 핀다.

에는 6~7미터 되는 산수유 고목이 몇 그루씩은 꼭 있다.

둘은 소속도 다르다. 생강나무는 녹나무과이고 산수유는 층층나무과다. 생강나무는 산에 자생하는 반면 산수유는 수입한 나무라는 점에서도 차이가 있다. 산수유는 자력으로 번식하는 힘이 약하다. 그래서 산 위쪽으로는 산수유가 없다. 산에서 초봄에 노란 꽃을 피우는 것은 생강나무라고 보면 대개 맞다. 강원도가 고향인 김유정의 소설 〈동백꽃〉에 나오는 노란 동백꽃도 생강나무 꽃이라는 게 정설이다. 동백나무가 자라지 않는 강원도에서는 생강나무 열매에서 짠 기름을 동백기름 대신 사용하며 동백유라 했고, 생강나무를 산동백으로 불렀기 때문이다.

두 나무의 잎 모양도 상당히 다르다. 생강나무 잎은 하트 모양이거나 윗부분이 셋으로 갈라진 뫼 산(山) 자 모양이다. 합쳐서 '산 사랑'이다. 가을에 새까맣게 익는 생강나무 열매는 겨울

생강나무 잎(4월 중순).

명자나무 꽃(3월 말).

에 산새들에게 인기가 있다. 생태적인 면에서 생강나무가 산수유보다 훨씬 효용성이 높다고 할 수 있다. 아직 자생지라고 할 만한 곳이 없는 산수유와 대비가 된다. 산수유 축제지로 유명한 전남 구례군 산동마을의 산수유 또한 중국 산동성에서 가져왔다고 한다.

3월 하순에 접어들면서 명자나무도 꽃을 피우기 시작한다. 장미를 닮은 예쁜 꽃이다. 서문 안쪽 서울 노인회 건물 부근에 몇 그루가 있다. 통상 개화시기가 4월 이후이지만 이곳 나무들은 좀 일찍 꽃을 피운다. 그만큼 봄을 기다린 모양이다. 명자나무는 꽃의 붉은 색이 너무 강렬해 과거에 선비의 집에서는 심지 않았다고 한다. 사람 키를 넘지 않는 떨기나무이지만, 여름이 되면 굵지 않은 가지에 주먹만 한 열매가 달린다. 명자나무처럼 이름 끝에 '자'가 들어가는 나무는 대개 가시가 있다.

더보기 해보기

은단풍은 열매가 일찍 달린다. 4~5월이면 바닥에 열매가 가득하다. 크기도 단풍나무 종류 가운데 가장 크다. 이 열매를 위로 던지면 헬리콥터 프로펠러처럼 돌면서 떨어지는 모습을 볼 수 있다. 개나리꽃을 던져도 비슷하게 떨어진다. 또 개나리꽃은 가느다란 풀줄기에 꿰어 멋진 화관을 만들 수 있다. 아이들이 특히 좋아한다.

갈색의 향연

오리나무, 물오리나무, 사방오리

겨울이 채 물러가기 전에 꽃을 활짝 피우는 나무가 또 있다. 오리나무 무리다. 꽃이 피는 시기와 정도를 보면 이들이야말로 봄의 전령사라고 할 수 있다. 하지만 갈색 꽃이어서 알아채지 못한 채 지나치기 쉽다. 처음 보는 사람은 '눈이 트이는' 기분이 든다. 이 꽃을 보지 않고는 봄이 온다고 얘기하지 말 일이다.

오리나무 무리의 대표는 오리나무다. 습한 곳에 잘 자라는 탓에 대개 도시공원에서는 잘 보이지 않는다. 여기서도 한 그루밖에 발견하지 못했다. 북문에서 왼쪽 길로 출발해 100미터 정도 가면 오른쪽에 있다. 오래 된 고목이어서 운치가 있다. 울퉁불퉁한 굵은 줄기는 자라면서 고생한 흔적을 가감 없이 내보인다. 바로 옆에 다른 나무가 거의 없어 더 두드러진다. 잘게 갈라진 수피(줄기의 껍질)는 세월의 주름처럼 느껴진다.

오리나무 무리는 전년도 가을에 달린 열매가 겨울에도 남아 있어 멀리서도 알아볼 수 있다. 솔방울 모양의 작은 열매가 가지 끝에 붙어 있다. 2월부터 손가락 길이만 한 갈색 꽃이삭(이삭 모양의 꽃눈)이 부풀기 시작한다. 수꽃이 피기 시작한 것이다. 나무 전체에 장식물을 매달아 놓은 것 같다. 함께 피는 암꽃은 수꽃 위쪽에 작게 딱 붙어 있어서 알아보기가 쉽지 않다.

더 화려하게 꽃을 피우는 것은 물오리나무다. 이 공원에서 개체 수도 더 많다. 작은 것은 빼고 멋있는 큰 나무만 세어도 열 그루가량 된다. 북문 부근 운동시설 옆과 연못가, 정문 오른쪽 길에서 100미터쯤 떨어진 곳에 있는 것이 볼 만하다. 물오리나무는 20세기 초반 일본에서 도입된 속성수다. 척박한 땅에서도 잘 산다. 대개 잎은 둥글고 물결 모양의 결각(잎의 가장자리가 깊이 패어 들어간 것)이 있어서 쉽게 표시가 난다. 수피는 오리나무와 달리 비교적 매끈한 편이고, 열매는 오리나무보다 약간 크다. 산에 가보면 물오리나무는 물 부근보다는 능선에서 많이 나타난다. 그래서 산오리나무라는 이름이 더 적절해 보인다.

사실 물오리나무는 겨울 내내 볼 만하다. 지난해의 열매가 가지마다 까맣게 달려 있고, 짙은 갈색의 수꽃이삭은 그보다 더 많다. 2월이 되면 꽃이삭이 부풀어 오르면서 밝은 갈색으로 바뀌기 시작한다. 나무에서 조금 떨어져서 하늘을 배경으로 바라보면 분출되는 생명력이 느껴진다. 꽃은 3월 중순부터 절정으

공원 북문 부근에 있는 오리나무 고목의 운치 있는 모습(1월).

꽃이 만발한 물오리나무(3월10일께). 아래로 늘어진 게 수꽃이다.

로 치달아 나무 전체에서 내뿜는 에너지가 밝은 갈색 하늘을 만들어 낸다. 바람이 불면 꽃가루가 풀풀 날린다. 오리나무와 마찬가지로 몇 개씩 뭉쳐서 늘어진 수꽃 위쪽에 작은 암꽃이 위를 향해 서 있다. 이런 식으로 암꽃이 위에 있는 것은 대개 자가수분을 피하기 위해서다.

비슷한 시기에 사방오리의 꽃도 피기 시작한다. 사방오리는 북문에서 출발해 오른쪽 길 150~200미터 지점에 몇 그루가 있다. 물오리나무 꽃과 비슷하지만 그만큼 강렬하지는 않다. 오리나무에 가까운 편이다. 사방오리는 과거 사방공사를 할 때 많이 심어서 그런 이름이 붙었다고 한다. 물오리나무처럼 척박한 땅에서도 잘 자란다는 뜻이다. 잎 모양이 오리나무와 비슷하지만 측맥(가운데 잎줄에서 좌우로 갈라져 가장자리로 향하는 잎줄)의 수가 12개 정도로 오리나무의 두 배쯤 된다. 좀 떨어져서 봐도 맥이 촘촘한 걸 알 수 있다. 수피도 다르다. 오리나무는 상수리나무처럼 아래로 골을 이루면서 갈라지는 데 비해 사방오리는 작은 조각들이 좀 지저분하게 붙어 있다.

오리나무 무리의 수꽃은 4월 초가 되면 밝은 갈색에서 다시 어둡게 바뀐다. 꽃가루가 다 날아갔기 때문이다. 그리곤 이때쯤

사방오리(1월).
수피가 거칠게 떨어진다.

잎을 내기 시작한다. 이들은 일찍 꽃을 피울 뿐만 아니라 가을 늦게까지 잎을 떨어뜨리지 않는다. 그만큼 더 충실하게 사는 것 같아 마음이 쏠린다.

과거 이정표로 삼기 위해 오 리마다 한 그루씩 심어서 오리나무라는 이름이 붙었다는 얘기는 아무래도 신빙성이 떨어진다. 오리나무는 이정표로 삼을 만한 특징이 약하기 때문이다. 다른 나무와 섞여 있으면 눈에 잘 띄지 않고 잎 모양도 평범하다. '오리나무 이정표'의 기록이 처음 등장하는 것은 일제강점기라고 하는데, 이미 그때에는 이정표가 그다지 필요하지 않았다. '오리'가 '얼'과 통한다는 주장이 더 설득력이 있다. 과거 굿집 앞에는 오리나무를 심었다. 안동 하회탈놀이 때의 하회탈도 오리나무로 만들었다고 한다. 오리나무는 큰 줄기가 약간씩 각을 지으며 올라간다. 수피도 잘게 갈라진다. 고민하는 정신, 곧 '얼'이 느껴진다.

오리나무 무리가 꽃을 피울 무렵에 이 공원에서 활발하게 움직이는 동물들이 있다. 비둘기와 참새다. 식물의 씨가 땅 속에서 싹을 틔우기 시작하는 것에 맞춰 이들도 바빠진다. 수십에서 수백 마리까지 몰려다니며 땅을 쪼는 모습을 쉽게 볼 수 있다. 주도권을 쥐는 것은 역시 덩치가 큰 비둘기다. 주변에 몰려 있던 참새들은 용기 있는 우두머리를 따라 비둘기 속으로 들어간다. 하지만 제한된 먹이 앞에서 양보는 없다. 비둘기가 공격하는 자세를 취하면 참새는 우르르 달아난다. 그렇다고 멀리 가는 건 아니다. 주변에 앉아 있다가 기회를 봐서 다시 비둘기 쪽으로 접근한다. 이런 행동은 비둘기들이 먹을 것을 다 먹고 날아갈 때까지 되풀이된다. 지켜보노라면 이들의 다툼 역시 봄맞이의 하나인 것 같아 재미있다.

더보기 해보기

떨어진 오리나무 무리의 수꽃을 모아 그림놀이를 해보자. 땅바닥을 도화지 삼아 늘어놓는다. 긴 선을 그릴 수도 있고 살짝 구부러뜨려 곡선을 만들 수도 있다. 직선과 곡선이 가능하므로 모든 그림을 다 그릴 수 있다. 실제로 해보면 어른보다 아이의 상상력이 더 풍부하다는 것을 실감할 수 있다.

나도 봐주세요

초봄 풀꽃

별꽃, 쇠별꽃, 미국제비꽃, 수호초

풀은 나무보다 조심스럽다. 생명주기가 짧은 만큼 날씨 변화에 만전을 기하지 않으면 생존 자체가 어렵다. 혹시라도 꽃샘추위가 닥칠까 봐 확실하게 봄을 느낄 때까지 기다린다. 나무에는 낮의 길이가, 풀에는 기온이 더 중요하다. 그래서 이 시기에는 풀꽃을 보기가 쉽지 않다. 인내심을 갖고 기다려야 한다. 적어도 효창공원은 몇몇 풀꽃이 먼저 봄을 반기는 큰 숲과는 차이가 있다.

가장 먼저 꽃을 피우는 건 별꽃이다. 3월 중순이 되면 여러 곳에서 흰 꽃이 보이기 시작한다. 너무 작아서 신기한 꽃이다. 별꽃이라는 이름에 걸맞게 꽃잎이 5개이지만 모두 가운데가 깊이 갈라져 10개처럼 보인다.

얼마 안 가 쇠별꽃이 훨씬 많아진다. 해마다 그렇다. 별꽃과

별꽃(3월)과 쇠별꽃(4월).
꽃 가운데 부분의 암술머리가 별꽃은 3개, 쇠별꽃은 5개로 갈라져 있다.

쇠별꽃은 모양이 거의 같으나 쇠별꽃이 약간 더 크다. 그래 봤자 발목 위로 올라오지는 않는다. 꽃 한가운데에 있는 암술머리를 보면 둘은 확실히 구별이 된다. 별꽃은 암술머리가 3개로, 쇠별꽃은 5개로 갈라져 있다. 또, 쇠별꽃은 별꽃과 달리 꽃잎이 꽃받침보다 좀 길다. 너무 작아서 눈을 가까이 대고 봐야 하지만 확인하고 나면 뭔가 해냈다는 성취감마저 느껴진다. 별꽃 무리의 꽃은 가을까지 피고진다.

별꽃 무리는 석죽과이고, 석죽과의 영어 이름(Pink)은 패랭이꽃의 이름에서 왔다고 한다. 하지만 패랭이꽃은 꽃잎 색깔이 화려한 반면 별꽃 무리는 담백하고 깔끔해서 아주 달라 보인다. 양쪽은 무엇이 닮았을까? 패랭이꽃의 꽃잎은 끝이 톱니 모양으로 삐죽삐죽하다. 모양이 좀 차이가 나긴 하지만 모든 별꽃 무리의 꽃잎은 가운데가 깊이 갈라져 있다.

비슷한 시기에 미국제비꽃이 꽃을 피우기 시작한다. 흰 바탕에 연한 자주색 무늬가 있는데 푸른색 느낌도 든다. 미국제비꽃은 잎이 오목한 모양이어서 종지나물이라고도 한다. 미국에서 왔지만 이미 토착화해서 우리나라 어디서나 볼 수 있다. 애초 나물로 먹으려고 심었는데 전국으로 퍼져 나갔다고 한다. 여기서도 왕성한 번식력을 자랑한다. 봄이 깊어 가면서 여러 지역을 완전히 점령해 버린다. 제비꽃 무리는 그래서 오랑캐꽃으로도 불린다. 너무 세력이 강해서 당해 낼 수 없다는 뜻이다. 예전에 오랑캐가 쳐들어 올 무렵 피는 꽃이라 해서 그렇게 불렸다는 얘기도 있다. 하지만 꽃이 예뻐 모든 것을 용서해 줄 만하다.

수호초도 꽃망울을 가득 달고 있다. 수호초는 늘 푸른 풀이어서 어느 공원에서나 많이 볼 수 있다. 이곳에도 산책로를 따라 죽 심어져 있다. 꽃도 예쁘다. 한겨울부터 꽃망울이 달리기 시

미국제비꽃(3월 말).

꽃을 피우기 시작한 수호초(3월 말).

작하는데, 꽃이 필 듯하면서도 잘 피지 않는다. 준비를 모두 해 놓고 결정적인 순간을 기다리는 것 같다. 그러다가 한꺼번에 꽃망울을 터뜨린다. 둔해 보이는 몸체답지 않게 꽃이 화려해서 놀라게 된다.

꽃이 피지는 않았지만 갖가지 풀도 쑥쑥 올라온다. 바야흐로 봄이다.

더보기 해보기

미국제비꽃이 지천에 깔리면 꽃반지를 만들어 보자. 꽃줄기를 길게 따서 꽃받침 뒤로 살짝 나온 꽃 밑동에 구멍을 내고 끼우면 된다. 제비꽃은 뒤쪽으로 엉덩이가 길게 나와 있어서 어렵지 않게 반지를 만들 수 있다. 어른들은 추억을 되살리고, 아이들은 자연스레 꽃의 구조를 엿볼 수 있다.

춘분에서 입하까지

2 장

이 기간은 3월 하순에서 5월 초까지다. 봄이라고 할 때 딱 들어맞는 시기다. 그에 맞게 봄을 상징하는 모든 꽃이 핀다. 사실 우리나라에서 꽃이 없는 시기는 없다. 겨울에도 붉은 동백꽃이 피어나니 말이다. 우리 삶도 마찬가지다. 시련과 절망 속에도 희망의 불씨는 살아 있다. 그 불씨는 얼음을 녹이고 점점 커져서 마침내 꽃을 활짝 피워 낸다.

봄의 앞쪽에는 잎보다 꽃을 먼저 내보이는 나무가 많다. 이 꽃들은 대개 흰색이나 분홍색 또는 노란색이다. 밝고 화려해 사람은 물론이고 곤충의 눈에 잘 띈다. 3월 중순까지만 해도 거의 보이지 않던 나뭇잎은 4월 하순이 되면 공원 전체를 녹색 빛으로 물들인다. 자연만이 만들어 내는 기적이다.

내가 봄이다

장미과 유실수

벚나무, 살구나무, 매실나무, 앵도나무, 풀또기, 산사나무

장미과 유실수들은 대개 잎이 나기 전에 꽃이 핀다. 마른 가지에 꽃이 주렁주렁 달리는 모습은 생명의 신비를 보여 준다. 이들이 있어서 비로소 봄이다.

장미과 유실수는 종류가 다양하다. 가장 많이 볼 수 있는 것은 벚나무로, 우리나라 가로수 가운데 1위이다. 가로수이니 모두 사람이 심은 것이다. 산에서 자생하는 벚나무는 생각보다 많지 않다. 도시에서 볼 수 있는 벚나무는 대개 왕벚나무인데, 다른 벚나무와 달리 꽃이 잎보다 먼저 핀다. 꽃이 큰 편이고 꽃자루가 길다. 꽃이 눈에 잘 띄므로 많이 심는다.

효창공원 이곳저곳에 있는 벚나무도 대부분 왕벚나무다. 나이든 벚나무도 제법 있는데 동쪽 담장 부근에 있는 것들은 성숙한 벚나무의 운치를 보여 준다. 수양벚나무(처진올벚나무)도

활짝 핀 왕벚나무의 꽃(4월 초).

있다. 줄기가 수양버들처럼 아래로 길게 늘어진다. 북문 부근 운동시설이 있는 광장 아래쪽에 있다. 벚나무는 껍질이 질겨서, 근대 이전에는 손이 아프지 않도록 껍질을 활에 감기 위해 심었다고 한다.*

모든 벚나무는 피목(껍질눈)과 선점(꿀샘)으로 알아낼 수 있다. 피목은 줄기에 흠처럼 나 있는 자국을 말하는데 나무는 잎에 있는 기공뿐 아니라 피목을 통해서도 호흡을 한다. 생존을 위해 꼭 필요한 조직이다. 피목은 대개 세로로 나지만 벚나무는 가로로 뚜렷하게 있고, 대부분 입술 모양이어서 멀리서도 눈에 잘 띈다. 송충이 모양이라고 하는 사람도 있다. 잎과 맞붙은 잎줄기 부분에 있는 2~3개의 꿀샘도 작은 혹처럼 뚜렷하다. 벚나무의 꿀샘은 봄에 혀를 대보면 단맛이 느껴진다. 좁은 잎줄기를

벚나무 잎과 끝에 달린 꿀샘(5월 초).

입술이나 송충이 모양을 띠는 벚나무 피목.

타고 꿀을 가지러 개미가 왔다 갔다 하면 다른 벌레들의 길이 막혀 잎이 손상되지 않는다. 부드러운 어린잎을 먹으러 오는 벌레들을 개미가 막아 주는 것이다. 잎이 자라서 벌레들의 입맛에 맞지 않게 되면 벚나무는 더 이상 선점에서 꿀을 분비하지 않는다. 개미에겐 냉정하지만 그게 자연의 이치다.

벚나무처럼 꽃과 열매가 많이 달리는 나무들은 대체로 수명이 길지 않다. 몸피를 불리는 것을 영양성장, 꽃과 열매를 키우는 것을 생식성장이라고 하는데, 생식성장에 많은 에너지를 쓰다 보면 그렇게 되기 쉽다. 벚나무는 100년 정도 산다고 보면 된다. 벚나무가 도시공원과 전국 거리에 본격적으로 등장한 지 수십 년이 됐으므로 앞으로 수십 년 안에 큰 변화가 올 수밖에 없다. 꽃이 피지 않는 많은 벚나무를 어떻게 할 건지 궁금해진다.

다음으로 살구나무와 매실나무가 있다. 피목과 선점이 뚜렷하지 않아 벚나무와는 쉽게 구별되지만 두 나무끼리는 헷갈리기 쉽다. 살구나무는 큰키나무이고 매실나무는 작은키나무여서 다 성장한 나무는 구분이 쉬운 편이다. 8미터 이상인 나무는 살구나무라고 보면 대개 맞다. 가지가 뻗는 모양도 구별 포인트가 된다. 작은키나무나 떨기나무는 어릴 때도 가지가 아래쪽에서 갈라지는 경우가 많은 반면 큰키나무는 대개 굵은 줄기가 사람 가슴 위까지 올라간다.

어린 살구나무와 매실나무는 정말 비슷하다. 수형과 껍질, 열매 모양이 모두 닮았다. 전체 모양의 작은 차이와 잎을 보고 구별해야 하는데 눈으로 감을 잡으려면 상당한 경험이 필요하다. 살구나무는 잎끝이 갑자기 뾰족해지고(급첨두) 매실나무는 서서히 뾰족해지면서(점첨두) 꼬리가 길게 나와 있다고 하지만, 그것도 되풀이해서 봐야 알 수 있다. 꽃이 피면 분명히 구별할 수 있는 포인트가 있다. 살구나무는 자주색 꽃받침이 뒤로 젖혀지는 반면 매실나무는 그렇지가 않다. 또 살구나무는 암술이 수술보다 약간 길고 매실나무는 거꾸로다. 효창공원에는 멋진 살구나무가 여럿 있다. 살구나무는 공덕역 부근에 가로수로도 많이 심어 놓았다. 매실나무는 작은키나무여서 가로수로는 잘 심지 않는다. 공원 안에서는 매실나무를 보지 못했지만 부근의 숙명여대와 아파트 단지에는 곳곳에 있다.

차례로 살구나무 꽃(4월 초), 매화(4월 초), 앵도나무 꽃(4월 초).
살구나무 꽃은 꽃받침이 뒤로 젖혀져 있다.

앵도나무도 몇 그루 있다. 북문에서 출발하는 동쪽 산책길 초입에 있는 것이 관찰하기가 좋다. 앵도나무도 작은키나무다. 잎 앞뒤에 털이 많은 게 특징인데 만져보지 않아도 느낄 수 있을 정도다. 수피는 다른 장미과 나무들보다 더 너덜너덜하다. 빨갛게 예쁜 열매만 보다가 나무와 접하면 좀 의외라는 생각이 들 정도다.

나무모임 참가자들과 공원을 돌던 중에 한 명이 느닷없이 "체리와 베리가 어떻게 다르냐"고 묻는다. 이름에 베리(*berry*)가 붙는 과일이 많이 수입되면서 베리 종류에 대한 관심이 높아졌기 때문일 것이다. 베리는 얼마 전부터 수입과일 가운데 바나나를 제치고 1위에 올랐다. 그런데 이리저리 알아봐도 체리(*cherry*)와 베리에 대해 명확하게 정리해 놓은 자료가 없다. 체리와 베리는 영어권 사람들의 언어용법일 뿐 과학용어가 아니다. 여러 정보를 종합해 내린 결론은 이렇다. '벚나무와 앵도나무의 열매는 체리다. 베리는 이들을 제외한 장과류 열매를 총칭한다.' 앵도나무는 '체리 트리(*tree*)', 벚나무는 '체리 블로섬(*blossoms*)'이고 벚나무 열매인 버찌와 앵도는 영어로 모두 체리다. 장과는 껍질이 얇고 과육이 무른 열매를 말하는데 대부분 껍질째로 먹을 수 있다. 이름에 베리가 붙는 각종 열매는 물론이고 딸기(Strawberry)와 오디(Mulberry), 팽나무 열매(Hackberry)도 베리에 속한다. 여름에 많이 보이는 풀인 미국자리공(Pigeonberry)의 이름에도 베리가 들어 있다. 비둘기가 좋아하는 베리라는 뜻이다.

공원 안에 복사나무(복숭아나무)는 없지만 공원 한가운데 삼의사 묘 바깥에 풀또기가 몇 그루 있었다. 풀또기는 겹꽃이 피는 복사나무를 말한다. 겹꽃은 꽃이 풍성해서 보기가 좋다. 풀또기 꽃은 겹벚꽃나무보다도 더 풍성하고 화려하다. 이곳의 풀또기는 내내 꽃이 피지 않다가 2015년 봄에 모든 나뭇가지를 붉게 물들이는 장관을 연출했다. '있었다'고 하는 이유는 그해 겨울에 조경공사를 하면서 베어 버리고 그 자리를 포함해 삼의사 묘를 죽 따라가면서 무궁화를 심었기 때문이다. 무궁화가 '뜻있는' 나무이긴 하지만 풀또기가 모두 사라진 건 안타깝다.

마지막으로 산사나무가 있다. 5월에 피는 흰 꽃은 상큼하다. 잎이 난 뒤에 가지 끝에 뭉쳐서 핀다. 잎은 날카롭게 결각이 져 있어 쉽게 알아볼 수 있다. 수피는 약간 지저분할 정도로 잘게

무성하게 핀 풀또기꽃(4월 초)과
가까이에서 찍은 풀또기꽃.

갈라진다. 가을에 빨갛게 달리는 작은 열매는 차로 달여 마시기도 하고 술을 빚기도 한다. 이 나무와 비슷한 서양산사나무는 '메이플라워'로 불린다. '5월의 꽃'이라는 뜻이다. 17세기에 영국의 청교도들이 신앙의 자유를 찾아 미국 동부로 이주할 때 타고 간 배의 이름이 메이플라워였다. 산사나무가 귀신을 쫓는다는 믿음 때문에 무사한 항해를 위해 붙인 이름이라고 한다. 서양산사나무 잎은 산사나무보다 결각이 덜하다. 산사나무는 서울 노인회 옆 계단 부근에 산수유, 산딸나무와 나란히 있다. 이곳의 '산씨 삼형제'는 크기까지 비슷하다. 겨울에는 산사나무와 산수유를 구분하기 힘든데, 산수유는 마주나기이고 산사나무는

산사나무 꽃(6월 초)과 열매(9월 초).

어긋나기라는 것만 알면 겨울눈을 보고 쉽게 구분할 수 있다.

장미과 유실수들은 모두 꽃이 아름답다. 봄꽃놀이의 대표 주자답다. 그래서 동아시아권 문학에서 중요한 위치를 차지한다. 대개 따뜻한 정서와 희망을 상징한다. 선비들의 벗이자 규범이었던 사군자(매난국죽)에도 매화가 들어 있다. 절제하고 의지를 다지려는 선비들의 마음가짐이 이른 봄의 찬 공기 속에서 피어나는 매화로 상징되는 것이다. 이어 갈 만한 좋은 정신이다. 더불어 계절의 흐름에 맞게 즐거움을 누리는 마음도 값진 것이 아닐까 싶다.

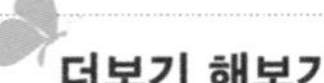

더보기 해보기

봄은 아이들의 계절이기도 하다. 떨어진 꽃잎을 주워 아이들과 문신 놀이를 해보자. 손등이나 얼굴에 선크림을 살짝 바르고 꽃잎을 붙이면 꽃 문신이 만들어진다. 나무들이 꽃을 피우는 것도 자신의 가지에 문신을 새기는 것으로 상상할 수 있다.

* 박상진(2009). 《우리 문화재 나무 답사기》, 300쪽.

화려해서 애절한

백목련, 자목련, 일본목련

벚꽃과 더불어 봄을 대표하는 꽃이 목련이다. 4월이라고 하면 목련을 떠올리는 사람이 많을 것이다. 박목월의 시에 곡을 붙인 "목련 꽃 그늘 아래서 베르테르의 편지를 읽노라"라는 노래의 제목도 〈4월의 노래〉이다. 이런 목련이 효창공원에는 세 종류가 있다. 백목련, 자목련, 일본목련이다. 백목련과 자목련은 잎이 나기 전에 꽃이 피고, 일본목련은 잎이 난 뒤인 늦봄에 꽃을 피운다.

백목련은 대한노인회 건물 옆에 있는 것이 가장 꽃이 많고 보기가 좋다. 꽃이 가득해 나무가 잘 보이지 않을 정도다. 목련 무리는 겨울눈이 독특하다. 여름부터 손가락만 한 돌기가 작은 가지 끝에 달리는데, 털까지 보송보송해 열매처럼 보인다. 이 눈은 내년을 대비한 것이다. 초봄에 겨울눈을 매일 관찰해 보면

활짝 핀 백목련꽃(4월).

점점 커져서 꽃이 나오는 모습을 느린 그림처럼 볼 수 있다. 목련은 꽃잎과 꽃받침의 구분이 어려워서 지구상에 있는 꽃 중에서 가장 원시적인 꽃으로 손꼽힌다. 꽃잎처럼 보이는 것에 미분화된 꽃받침이 섞여 있는 것이다. 백목련과 목련은 잎 모양으로 구별이 된다. 백목련은 잎의 끝 부분이 둥그스름한 반면 목련은 뾰족한 편이다.

자목련은 백목련과 비슷하지만 꽃잎이 자주색이다. 화려해서 저절로 눈이 간다. 백범김구기념관 뒷문 부근의 담장 안쪽에 몇 그루가 있다. 주위에 다른 나무가 별로 없어 눈에 잘 띈다. 자목련과 비슷하지만 꽃잎의 바깥쪽은 자주색이고 안쪽은 흰색인 경우가 있다. 자목련과 백목련의 교배종인 자주목련이다.

일본목련은 대개 다른 목련보다 키가 크다. 20미터 정도 되는

활짝 핀 자목련꽃(4월 말).

것도 많다. 서울 노인회 건물 뒤쪽 정자 부근에 있는 일본목련도 키가 훤칠하다. 일본목련은 개화시기가 늦고 꽃의 개체 수가 많지 않다. 가지 끝에 하나씩 달린다. 잎과 꽃이 모두 커서 시원한 느낌을 준다. 잎은 이 공원의 나무 가운데 가장 큰 편에 속한다. 참나무 무리의 큰 잎이나 칡의 잎, 오동나무 잎 등이 비교될 만하다. 풀 종류로는 택사나 옥잠화 등의 잎이 그 정도 된다.

산에는 산목련이 있다. 작은키나무여서 그렇게 크지는 않지만 잎이 난 뒤에 피는 하얀 꽃이 깔끔하고 소담스럽다. 그래서 함박꽃나무나 목란이라고도 한다. 목란은 '나무에 핀 난초꽃'이라는 의미다. 다른 목련과는 달리 꽃이 아래나 옆으로 달리는 것도 특징적이다. 목란은 북한이 1990년대 초반에 법으로 정한 국화다. 지구상에서 이런 '법정 국화'는 생각보다 많지 않다. 무궁화도 '우리나라 꽃'이긴 하지만 법정 국화는 아니다.

버락 오바마 미국 대통령은 세월호 참사 직후인 2014년 4월

25일 방한하면서 추모의 뜻으로 목련을 한 그루 갖고 왔다. 미국 백악관에서 자라던 것이다. 목련 무리의 하나인 태산목으로, 참사로 많은 학생이 피해를 입은 경기도 안산 단원고에 심어졌다. 오바마 대통령은 목련이 아름다움과 부활을 의미한다고 말했다. 세월호는 목련꽃이 한창이던 4월 16일 침몰했다. 안타깝게 세상을 떠난 젊은 영혼들이 해마다 아름다운 목련꽃으로 돌아오고 있다고 믿어 본다.

더보기 해보기

떨어진 목련 꽃잎을 주워서 살펴보자. 마치 바람 빠진 풍선 모양이다. 끝을 살짝 비비면 풍선의 입이 열린다. 그곳을 입으로 불어 보자. 살짝 부풀어 오른다. 목련 꽃잎은 이렇게 두 겹으로 돼 있다. 두꺼운 꽃잎을 손톱으로 눌러 글씨를 쓰거나 그림을 그릴 수도 있다. 조금 기다리면 자국이 갈색으로 변하면서 모양이 선명해진다.

작지만 강렬한
공원의 필수 나무 1

회양목, 산철쭉, 황매화, 조팝나무, 등나무, 조릿대

어느 공원에서든 생명력 있게 항상 그 자리를 지키는 나무들이 있다. 떨기나무 종류가 많고 상록수인 경우가 적잖다. 이들은 화려하지 않게 경계목 구실을 하면서 공원의 전체 모양을 잡아준다. 관리가 쉽다는 이점도 있다. 찬찬히 살펴보면 평소 무심히 지나쳤던 이들에게서 작은 아름다움을 발견할 수 있다.

대표적인 나무가 회양목이다. 북한 쪽 강원도의 회양에서 잘 자라 회양목이라는 이름이 붙었다고 한다. 산에는 2~3미터까지 자란 것도 있지만 공원에서는 대개 무릎 이하로 낮게 깔린다. 회양목은 한번 심어 놓으면 다른 풀과 나무들이 거의 침범하지 못해 경계목으로 제격이다. 4월에 연노랑 꽃이 피지만 녹색 잎에 둘러싸여 자세히 보지 않으면 놓치기 쉽다. 회양목은 천천히 자란다. 아무리 시간이 지나도 다른 나무들처럼 커지지

작은 꽃을 일제히 피우기 시작한 회양목(3월 말).

않는다. 경기도 여주의 효종왕릉에는 천연기념물로 지정된 300년 된 회양목이 있다. 그런데 키는 4.7미터, 가슴높이 둘레는 63센티미터밖에 되지 않는다.*

회양목은 목재 조직이 균일하게 치밀하고 단단해 시간이 지나도 변형이 거의 일어나지 않는다. '도장나무'가 된 까닭이다. 낙뢰를 맞은 나무가 도장의 재료로 좋다고 하지만, 회양목은 그럴 필요가 없다. 왕의 옥새도 이 나무로 만들었다. 나무모임 참가자 중 한 명이 이렇게 가는 줄기로 어떻게 도장을 만드느냐고 한다. 하지만 계속 키우면 도장을 만들 수 있을 정도로 자란다. 가지치기 등을 통해 인위적으로 성장을 억제하는 정원수가 본모습일 수는 없다.

산철쭉도 공원의 기본 품목이다. 보통 철쭉으로 부르는 경우가 많은데, 정확한 명칭은 산철쭉이다. 공원에 심은 산철쭉은 대개 사람 어깨 아래로 자란다. 반면, 산에 많은 철쭉은 떨기나무이긴 하지만 사람 키보다 큰 경우가 적잖다. 이름과는 달리 산철쭉은 산보다는 도시에서 훨씬 흔하게 볼 수 있다. 그만큼 사람의 사랑을 많이 받고 있다.

서울을 비롯한 중부지방에서 산철쭉은 반(半) 상록이다. 아주 추우면 잎이 떨어지지만 일정한 정도의 녹색 잎이 항상 달려 있다. 산철쭉의 매력은 역시 꽃이다. 4~5월에 피는 홍자색 꽃은 색감과 모양이 모두 좋다. 산철쭉의 여러 품종은 꽃이 없으면 구분하기가 쉽지 않다. 영산홍, 자산홍, 백철쭉 등이 모두 산철쭉의 품종이다. 산철쭉과 비슷한 진달래는 꽃이 조금 빨리 핀다. 우리나라 산에서 진달래는 흔하지만 이 공원에는 조금밖에 없다. 게다가 길에서 멀리 떨어져 있어 잘 보이지 않는다.

산철쭉꽃을 자세히 보면 암술과 수술이 모두 한쪽으로 기울어져 있는 것을 알 수 있다. 그쪽의 꽃잎은 다른 꽃잎과 달리 무늬가 있다. 곤충들이 그 꽃잎 쪽으로 들어오도록 유도하는 것이다. 이를 '허니 가이드'(꿀 안내)라고 한다. 허니 가이드는 다른 꽃에도 있지만 산철쭉꽃이 뚜렷해 관찰하기가 좋다. 꿀은 대개 꽃의 아래쪽 안에 있다. 곤충이 꿀을 먹으러 들어가다가 꽃가루를 암술머리에 떨어뜨리면 수분이 이뤄진다. 이후 꽃가루가 씨방까지 내려가 밑씨와 결합하는 수정이 되면 열매가 만들어진다. 대개 수분에서 수정까지 오래 걸리지 않지만 소나무 종류는 1년가량 걸리기도 한다.

황매화는 4월부터 피기 시작하는 짙은 노란색 꽃이 인상적이다. 이름에 매화가 들어가긴 하지만 꽃이나 잎 모양이 매화와는 차이가 있다. 잎에 큰 겹톱니가 촘촘하게 있고 꽃 색깔도 매화와 다르다. 황매화 가운데 겹꽃이 피는 것을 죽단화라고 한다. 공원 정문 오른쪽 길 초입에 있다.

조팝나무도 여러 곳에서 존재를 과시한다. 역시 4월에 피기 시작하는 하얀 꽃은 줄기를 모두 덮은 것처럼 보여 화려하다. 잎은 황매화처럼 어긋나게 달린다. 조팝나무 종류는 여러 가지가 있지만 이 공원에 있는 것은 그냥 조팝나무다. 조팝은 조밥이라는 뜻이다. 이름처럼 동그란 꽃잎 속에 있는 노란 꽃술이 그릇에 담긴 조밥 같다. 꽃을 보며 춘궁기를 달래던 시절의 얘기다.

4~5월에 연한 자주색 꽃이 무성하게 달리는 등나무도 공원의 필수 나무다. 여름에는 그늘을 만들어 주는 역할을 한다. 등나무는 대개 왼쪽으로 감고 올라가는 덩굴나무다. 나사는 오른쪽으로 돌려야 앞으로 전진하지만 등나무는 반대 방향으로 돌면서 위로 올라간다. 반면 칡은 오른쪽으로 감는다. 칡은 '갈'이라고 하니 둘을 합치면 '갈등'이 된다. 서로 화합하지 못한다는 뜻이다. 생명력이 왕성한 두 나무가 한번 얽혀 버리면 잘라 내

산철쭉꽃(5월 초).
꽃잎에 '허니 가이드'가
뚜렷하게 보인다.

황매화(4월 중순).

겹꽃이 피는
죽단화(5월).

꽃을 활짝 피운
조팝나무(4월 초).

등나무의 화려한 꽃(4월 중순)과 꽃이 진 후에 바로 달리기 시작하는 등나무 열매(5월 중순). 콩과여서 열매가 콩깍지 모양이다.

지 않는 한 떼어 놓기가 쉽지 않다. 하지만 실제로 둘이 얽힌 모습을 보기는 어렵다. 딱 한 번, 제주도의 한 수목원에서 둘이 서로 감고 올라가면서 자라는 귀한 모습과 마주친 적이 있다. 주인에게 물어봤더니 자신이 그렇게 만들었다고 설명한다. 인위적으로 갈등을 만든 것이다. 등나무 껍질은 과거 닥나무 다음으로 애용된 한지 원료였다고 한다.

조릿대 무리도 사철 녹색 잎을 달고 공원 곳곳을 차지하고 있다. 대나무 종류는 흔히 나무도 아니고 풀도 아니라고 하지만 줄기가 단단해서 나무라는 이름이 붙었다. 조릿대 무리는 대나무 무리 중에서는 키가 작은 편이다. 대개 바닥에 깔려 자라며 다 커도 어른 허리를 넘지 못한다. 요즘 많이 심는 사사는 조릿대 무리 가운데 잎이 좁은 품종이다. 이 공원에도 조릿대와 사

조릿대(5월).

사가 섞여 있다.

조릿대 무리는 생명력이 강해 이들이 자리를 잡고 나면 다른 식물이 거의 침투하지 못한다. 최근 여러 해 동안 우리나라 남쪽 지역의 산에 조릿대가 크게 번졌다. 산에 오르다 보면 길 주위를 가득 채운 모습을 쉽게 볼 수 있다. 특히 한라산에서는 조릿대가 산의 대부분을 차지해 세계자연유산이라는 지위가 흔들릴 정도라고 한다. 자연적인 식생을 크게 해치지 않으면서 생물 다양성도 확보할 수 있는 대책이 필요할 것 같다.

더보기 해보기

회양목은 6~7월에 초록색 열매를 볼 수 있다. 가을이 되면 갈색으로 익어 세 쪽으로 벌어진다. 벌어진 열매 속에는 까만 씨앗이 들어 있어 마치 부엉이 모양 같다. 아이들과 부엉이 찾기 놀이를 하면 좋다. 공원의 회양목은 가지치기를 하는 탓에 열매 보기가 쉽지는 않다.

* 박상진(2009). 《우리 문화재 나무 답사기》, 147쪽.

우리들이 없다면

봄 풀꽃

꽃다지, 꽃마리, 냉이, 애기똥풀, 괭이밥, 수영, 민들레,

씀바귀, 고들빼기, 뽀리뱅이, 방가지똥, 개불알풀

봄의 풀꽃은 크지 않고 귀여운 것이 많다. 대표적인 게 꽃다지와 꽃마리다. 둘 다 이름이 예쁘다. 꽃다지는 발목 아래로 자라는 작은 풀이다. 꽃도 고개를 숙이고 봐야 알아볼 수 있다. 털이 많은 작은 뿌리잎 가운데에서 줄기가 올라와 작고 노란 꽃이 핀다. 모든 꽃이 한꺼번에 달리는 게 아니라 아래에서 위로 올라가며 피는데, 위쪽 꽃이 피기도 전에 아래에선 꽃이 지고 열매가 달린다. 꽃이 닫히는 것이다. 그래서 꽃다지다. 꽃다지는 십자화과다. 4개의 꽃잎이 열십자 모양으로 달린다.

꽃마리도 발목 아래로 자란다. 줄기 끝에 꽃봉오리들이 말려 있다가 아래에서부터 연한 하늘색의 작은 꽃이 핀다. 그래서 꽃마리다. 꽃이 피는 모습을 매일 관찰하면 재미있다. 꽃마리는 꽃부리가 5개로 갈라져 있다. 꽃다지와 달리 지치과에 속한다.

꽃다지(5월 초).

꽃마리(5월 초).

냉이(4월 초).

냉이는 꽃다지와 사는 곳이 같다. 둘 다 십자화과여서 꽃 모양도 비슷하다. 가장 큰 차이는 꽃 색깔이다. 냉이는 종류가 많지만 대개 꽃이 흰색이다. 잎의 털은 꽃다지보다 좀 적고 꽃대가 약간 더 길다. 또 냉이는 나물로 먹지만 꽃다지는 먹지 않는다. 사람이 사는 곳이면 꽃다지의 생존조건이 나은 셈이다. 하지만 효창공원에는 냉이가 훨씬 많다. 냉이를 캐어 먹는 사람이 드물어서 그런지도 모르겠다.

이 시기에 가장 눈에 띄는 풀꽃 하나가 애기똥풀이다. 애기똥풀 잎은 결각이 부드럽게 이어져 있어 친근감을 준다. 노란 꽃도 화사하다. 줄기나 잎을 꺾으면 노란 액체가 나온다. 이것이 아기의 똥을 닮았다고 해서 애기똥풀이다. 이 액을 벌레에 물렸을 때 바르면 가려움을 줄여 준다. 하지만 독성이 있으므로 먹지는 말아야 한다. 애기똥풀의 꽃은 가을까지 피고 진다. 이 공원에서도 곳곳에서 볼 수 있다. 애기똥풀은 환경이 열악한 곳에서 잘 자라기 때문에 애기똥풀이 많은 곳은 공기의 오염도가

북문 부근 풀밭을 가득 메운 애기똥풀(4월 말).

애기똥풀(4월 말).

높다고 보면 된다.

5월이 되자 괭이밥꽃이 곳곳에 핀다. 괭이밥은 얼른 보면 토끼풀로 착각하기 쉽다. 3개의 잎으로 땅바닥에 깔려 있는 모습이 닮았다. 그러나 자세히 보면 괭이밥은 토끼풀과 달리 모든 잎의 가운데가 폭 들어가 있는 하트 모양이다. 또 토끼풀과 달리 밤이 되면 잎을 접는다. 꽃 모양도 다르다. 괭이밥꽃은 노란색이고 꽃잎이 5개다. 반면 토끼풀은 꽃대 끝에 작고 흰 꽃들이 방울 모양으로 달린다. 꽃이 피는 시기도 달라서 토끼풀은 여름이 돼야 꽃을 볼 수 있다. 토끼풀은 토끼 등 초식동물이 먹는다. 괭이밥은? 괭이, 곧 고양이가 좋아한다. 그것도 속이 안 좋을 때 먹는다고 한다. 괭이밥잎을 씹어 보면 신맛이 난다. 속이 좋아도 맛있지만 독성이 있다니까 많이 먹을 건 아니다.

괭이밥을 싱아라고 부르는 지역도 있다. 싱아도 잎에서 신맛이 나지만 그 모양은 괭이밥과 전혀 다르다. 효창공원과 그 주변에서 싱아를 본 적은 없다. 대신 그와 닮은 수영은 가끔씩 보인다. 수영은 싱아와 모양과 맛이 비슷하다. 박완서의 소설《그 많던 싱아는 누가 다 먹었을까》에 나오는 싱아는 수영이라는 게 다수 전문가들의 판단이다. 물론 먹어 보면 싱아 쪽이 맛이 좀 낫다. 시지만 상큼하다. 공원에 있는 풀 가운데 모양이 수영과 닮은 것은 거의 소리쟁이다. 소리쟁이는 키가 1미터까지도 자란다. 또 잎 가장자리가 매끈한 수영과 달리 잎에 주름이 있

예쁜 꽃을 달고 있는 괭이밥(4월 말).

소리쟁이(5월 말).

다. 꽃도 소리쟁이는 녹색이지만 수영은 붉은색이고 꽃 피는 시기도 좀 늦다. 소리쟁이는 이 시기에 잎이 무성하게 자란다.

국화 종류 가운데 봄에 꽃이 피는 것도 여럿이다. 대표적으로 민들레, 씀바귀, 고들빼기 종류를 들 수 있다. 모두 노란 꽃이 핀다. 작은 혀 모양의 노란 혀꽃이 뭉쳐서 피는 민들레는 봄이 채 가기도 전에 솜 같은 씨가 날리는 모습이 인상적이다. 꽃잎처럼

씀바귀(4월 말)와 고들빼기(5월 초).

보이는 게 모두 독립된 혀꽃이다. 씀바귀와 고들빼기는 꽃 색깔과 모양이 민들레와 닮았지만 혀꽃의 수가 훨씬 적다. 민들레의 혀꽃이 사방을 가득 채우는 것과 달리 씀바귀와 고들빼기는 빈 공간이 많다. 또 씀바귀와 고들빼기 둘 다 꽃의 가운데 부분이 거무스름해서 눈에 띈다. 둘을 구별하려면 잎을 보면 된다. 고들빼기는 잎이 줄기를 감싸고 있지만 씀바귀는 그렇지 않다.

뽀리뱅이와 방가지똥의 꽃도 열심히 피고 있다. 뽀리뱅이는 노란 작은 꽃이 줄기 끝에 모여서 달린다. 줄기 속은 비어 있어 풀피리를 만들 수 있다. 방가지똥은 초여름에 가지 끝에 꽃이 달리는 엉겅퀴와 비슷하다. 둘 다 잎에 가시가 많지만 꽃 색깔은 다르다. 방가지똥은 노란색이고 엉겅퀴는 자주색이다. '똥'이라는 말이 들어가니까 노랗다고 생각하면 기억하기 쉽다.

땅바닥에 거의 붙어서 피는 예쁜 꽃이 있다. 개불알풀의 꽃이

꽃을 피우기 시작한 개불알풀(4월 초).

다. 여름에 달리는 열매의 모양이 수캐의 불알과 비슷해서 이런 이름이 붙었다고 한다. 꽃은 이름의 분위기와 걸맞지 않게 상큼하다. 하늘색 꽃잎에 보라색 줄이 있다. 최근에는 어감 때문에 봄까치꽃으로 불린다. 오밀조밀한 작은 잎도 귀엽다. 어린 순은 나물로 먹는다고 한다.

풀꽃이 없고 나무만 있는 봄은 생각만 해도 허전하다.

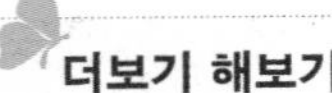

더보기 해보기

괭이밥의 신맛은 옥살산 때문이다. 10원짜리 구리 동전을 괭이밥잎으로 문질러 보자. 산 성분이 작용해 반짝반짝 빛나는 새 돈이 된다. 또 민들레나 뽀리뱅이를 만난다면 줄기를 따서 한쪽 끝을 살짝 눌러 불어 보자. 훌륭한 풀피리 소리를 낼 수 있다.

입하에서 하지까지

3장

어린이날 무렵부터 여름 장마가 시작될 때까지인 이 시기는 날씨가 따뜻해 숲을 산책하기에 좋다. 나무들도 다양한 매력을 발산한다. 녹음이 짙어지고 열매가 본격적으로 달린다. 잎보다 꽃이 먼저 피는 나무들은 대개 꽃이 지고 나면 평범해 보인다. 그에 비해 잎이 난 뒤에 꽃이 피는 나무들은 안정된 균형미를 자랑한다. 완전한 모양새를 갖춘 나무들이 만들어 내는 공간 분할을 보면 감탄을 자아내게 된다. 나무는 서로 시기하지 않고 질투하지 않는다. 인접한 두 나무는 서로 어우러져 마치 한 나무인 듯 형상을 빚어내기도 한다. 옆 나무에게 공간을 비워 주고 빈 곳에 자신의 자리를 마련하면서 평화롭게 하늘을 나누는 것이다.

다양한 매력

산딸나무, 층층나무, 흰말채나무, 노랑말채나무,

수수꽃다리, 이팝나무, 화살나무, 가막살나무, 덜꿩나무

이 시기에는 다양한 나무의 꽃을 즐길 수 있다. 산딸나무부터 시작해 보자. 앞에서 산수유와 생강나무의 꽃을 함께 이야기했지만 잎이 난 산수유는 생강나무가 아니라 산딸나무와 헷갈린다. 둘 다 층층나무과여서 비슷한 모양의 잎이 마주나는 데다 흔히 크기가 비슷하기 때문이다. 산딸나무는 공원 곳곳에 있지만 동문 광장에 산수유와 나란히 있는 것을 보면 비교하기 좋다. 잎만 있을 때는 잎맥의 수로 둘을 구분하면 정확하다. 산딸나무의 잎맥은 좌우로 4개씩이고 산수유는 6개다. 조금 멀리서 봐도 산수유의 잎맥이 촘촘한 것을 알 수 있다. 수피도 다르다. 산수유의 수피는 거칠고 얇은 조각이 지저분하게 떨어진다. 산딸나무의 수피는 말끔한 편에 회색 얼룩이 있다. 하지만 오래된 산딸나무의 수피는 산수유처럼 지저분해지기 때문에 주의해서

산딸나무 꽃 (5월 중순). 하얀 총포가 꽃잎처럼 보인다.

살펴야 한다.

꽃 모양은 확실하게 다르다. 5~6월에 피는 산딸나무 꽃은 예뻐서 감탄이 나온다. 하얀 꽃잎처럼 보이는 4장의 총포 속에 조그마한 황백색 꽃이 가득하다. 총포는 꽃이 너무 작기 때문에 곤충을 불러들이기 위해 꽃받침이 변해서 된 것이다. 가을에 꽃줄기 위에 딸기 모양의 열매가 하나씩 달리는 모습도 신기하다. 산딸나무라는 이름도 열매 모양에서 왔다. 그러나 열매는 이름과는 달리 밋밋한 맛이다.

잎만 나왔을 때 산딸나무와 비슷한 것으로 층층나무가 있다. 이 공원에는 백범김구기념관 뒷문 쪽에 한 그루 있다. 층층나무는 잎 모양과 잎맥의 수가 산딸나무와 비슷하지만 층층나무과 나무 가운데 혼자만 잎이 어긋나게 달린다. 5~6월에 꽃이 피면 확실하게 구분이 된다. 잎 위쪽으로 흰 꽃이 복산방꽃차례로 하얗게 뭉쳐서 핀다. 꽃차례는 꽃이 달리는 형태를 말한다. 산방

꽃을 피우기 시작한 층층나무(5월 10일께).

꽃차례는 같은 가지의 다른 위치에서 나온 꽃들이 머리높이를 맞추고 있는 형태다. 수분 기회를 동등하게 하기 위해서다. 비슷한 것으로 산형꽃차례가 있는데 이는 가지의 한 지점에서 우산살 모양으로 여러 개의 꽃대가 나와 머리높이를 맞추는 형태이다. 복산방꽃차례는 산방꽃차례가 두 번 이상 되풀이되는 것이다. 따라서 당연히 꽃의 수가 많아진다.

층층나무는 가지가 층을 지어 옆으로 돌려나는 데서 붙여진 이름이다. 이 나무는 작은키나무인 산딸나무나 산수유와는 달리 큰키나무여서 다 자라면 장대하다. 생명력이 뛰어나 숲을 장악해 버리는 경향이 있다. 층층나무가 숲을 이룬 산은 숲 전체가 층이 진 듯한 모습을 보여 준다. 안타깝게도 이 공원의 층층

흰말채나무 꽃(5월 중순).
보석 같은 모양의 흰말채나무 열매(8월)와 노랑말채나무 열매(8월).

나무는 자리를 잘못 잡았는지 가지의 일부분이 죽었다. 봄에 가지를 뻗는 힘도 약하다.

층층나무과 나무가 또 있다. 흰말채나무와 노랑말채나무다. 북문 부근 연못의 데크 길을 따라가며 죽 심어 놓았다. 마주나기에 잎맥이 좌우로 4~5개씩이고 봄에 꽃이 피는 모양도 층층나무와 비슷하다. 둘 다 떨기나무이고 잎이 마주나는 점을 알고 있으면 바로 구별할 수 있다. 흰말채나무에는 흰 꽃이 피고 노랑말채나무에는 노란 꽃이 핀다. 꽃이 없을 때는 줄기를 보면 된다. 노랑말채나무의 줄기는 노랗고 흰말채나무는 붉은 빛이 돈다. 노란색과 붉은색, 녹색이 섞여 있는 경우도 있는데, 붉은색이 조금이라도 있으면 흰말채나무로 보면 된다. 여름부터 가을까지 열리는 두 나무의 열매는 더 예쁘다. 작고 둥근 하얀 열매가 마치 보석 같다.

이 시기를 대표하는 꽃 가운데 하나가 수수꽃다리꽃이다. 흔히 수수꽃다리라고 하지만 정확하게는 서양수수꽃다리이다. 라일락이라는 외국 이름으로 더 많이 알려져 있다. 〈베사메무초〉라는 노래에 나오는 "리라 꽃 향기"에서 '리라'가 바로 라일락이다. 우리나라에는 이 나무와 거의 같은 수수꽃다리가 오래전부터 있었지만 도시공원에 심어 놓은 것은 거의 수입산이다. 수수꽃다리는 동문 부근을 비롯해 효창공원 여러 곳에 있다. 수수꽃다리가 속한 물푸레나무과 나무들은 잎이 마주나는 게 특징이다.

수수꽃다리꽃은 4월부터 달리는데 이곳에서는 5월이 전성기다. 향기가 아주 강해 옆으로 지나가기만 해도 기분이 좋다. "라일락 꽃 향기 흩날리던 날 교정에서 우리는 만났지"라는 대중가요 가사처럼 수수꽃다리는 사랑을 상징한다. 잎이 하트 모양이고 꽃말도 첫사랑이다. 첫사랑의 맛을 모른다면 수수꽃다리 잎을 조금 떼어 씹어 보면 된다. 무슨 맛일까? 쓴맛 하면 먼저 꼽는 소태나무처럼 쓰다. 아니 소태나무보다 더 쓰다.

최근 들어 가로수로 많이 심은 물푸레나무과 나무가 있다. 이팝나무다. 조팝나무와 달리 큰키나무다. 이팝은 이밥, 곧 쌀밥을 말한다. 5~6월에 흐드러지게 피는 흰 꽃은 정말 그렇게 보인다. 수십 년 전까지만 해도 이때가 극심한 춘궁기였으니 꽃을 보고 하얀 쌀밥을 떠올릴 만도 하다. 원래 남쪽 지방에서 자생

가까이서 찍은 수수꽃다리꽃(5월 초).

가득 달린 이팝나무 꽃(5월 10일께).

피기 시작한 화살나무 꽃(5월 초).

화살나무 잎이 떨어진 뒤 줄기에 날개가 선명한 모습(1월).

하던 나무이지만 요즘엔 전국 어디서나 많이 보인다. 서울 도심의 청계천을 복원하면서 심은 게 계기가 됐다는 설이 유력하다. 이 공원에는 북문 안팎에 여러 그루가 있다.

북문 부근 연못 데크 길 주위에 흰말채·노랑말채 나무와 섞어서 심어 놓은 나무가 있다. 화살나무다. 말 그대로 줄기에 화살을 연상시키는 코르크질의 날개가 붙어 있다. 꽃과 열매 모양도 말채나무들과는 다르다. 5~6월에 황록색의 작은 꽃이 모여서 핀다. 꽃잎, 꽃받침열편, 수술이 모두 4개이고 열매도 4개로 갈라진다. 이를 '사수성'이라고 한다. 가을에 빨간색으로 익는 열매는 꽃보다 더 예쁘다. 다른 나무보다 일찍 빨갛게 물드는 잎도 보기가 좋다. 화살나무가 속한 노박덩굴과에는 사수성뿐만 아니라 삼수성과 오수성도 있다. 모두 열매가 눈에 확 띈다.

열매를 가득 단 가막살나무(7월)와 열매를 맺기 시작한 덜꿩나무(6월 20일께).
거의 비슷한 모습이다.

5~6월에 새 가지 끝에 모여 피는 하얀 꽃이 볼 만한 떨기나무가 또 있다. 가막살나무와 덜꿩나무다. 공원 한가운데 삼의사 묘지 뒤쪽 둔덕에 두 나무가 수십 그루 있다. 둘 다 잎이 마주나고 키도 비슷해 처음에는 잘 구별되지 않는다. 잎을 만져 보면 인상적인 경험을 할 수 있다. 가막살나무 잎은 앞뒤에 털이 있다. 나름대로 부드럽다. 그 뒤 덜꿩나무 잎을 만져 보면 그 생각이 잘못임을 알게 된다. 덜꿩나무 잎은 고급 벨벳을 쓰다듬는 느낌이다. 이 정도로 부드러운 나뭇잎은 거의 없다. 초봄에 산에서 볼 수 있는 올괴불나무 잎 정도가 있을 뿐이다. 가뭄 탓인지 나무 상태가 별로 좋지 못한데도 잎은 부드럽기가 그지없다. 이 부근에 올 때마다 부드러운 촉감이 주는 즐거움을 누린다. 두 나무를 함께 심어 놓은 것은 훌륭한 선택인 것 같다.

두 나무를 구분하는 특징이 더 있다. 가막살나무는 잎줄기가 좀 있지만 덜꿩나무는 거의 없다. 잎 모양도 가막살나무는 달걀 모양에 가까운 반면, 덜꿩나무는 상대적으로 좀 길쭉하고 끝부분이 뾰족한 편이다. 또한 덜꿩나무는 잎겨드랑이에 작고 가느다란 2개의 턱잎(잎자루 밑에 있는 작은 잎사귀)이 붙어 있다. 두 나무는 열매도 귀엽다. 작은 앵두 모양으로 가지 끝에 모여 난다. 들꿩이 그 열매를 좋아해서 덜꿩나무로 불린다는데 진위는 알 길이 없다.

더보기 해보기

효창공원에는 없지만 다른 데서 물푸레나무를 만나면 이 나무의 이름 유래를 알 수 있는 해보기가 있다. 물푸레나무의 전년도 가지를 짓찧어 물속에 담가 보자. 청색 잉크 빛으로 물 색이 변하는 모습을 관찰할 수 있다. 아무 가지나 꺾지 말고 큰 줄기 아래쪽에 나와 있는 곁가지(맹아지)로 해보기 바란다. 이 곁가지는 나무 전체의 성장이나 생존과는 별 관련이 없기 때문이다.

불두화와 보리수나무

불두화는 이름만 들어도 불교와 관련이 있어 보인다. 말 그대로 부처 머리 모양의 꽃이 달린다고 해서 불두화다. 석가모니는 인도 사람이다. 흰 꽃이 가지 끝에 뭉쳐 있는 모습이 인도인의 곱슬머리를 연상시킨다. 석가탄신일을 전후한 5월에 꽃이 피기 시작한다고 해서 불두화라는 이름이 붙었다는 설도 있다. 게다가 불두화 꽃에는 암술과 수술이 없다. 모두 장식화(무성화)다. 이것 역시 결혼을 피하고 수양에 매진하는 스님의 모습과 통한다. 불두화 앞을 지나면서 조금이나마 경건한 마음을 가져 보는 것도 괜찮겠다.

떨기나무인 불두화는 대개 세 갈래로 갈라진 잎이 마주난다. 효창공원에는 불두화가 여러 곳에 있다. 그중에 정문 오른쪽 길 초입의 임정요인 묘 입구에 모여 있는 나무들이 가장 볼 만하다.

풍성한 모습의 불두화꽃(5월 중순).

백당나무 열매(9월).
잎은 불두화와 닮았다.

불두화와 모습이 거의 같은데 가을에 빨간 열매가 앵두처럼 열리는 나무가 있다. 백당나무다. 꽃 모양도 좀 다르다. 하얀 장식화가 바깥을 둘러싸고 가운데에 노란 꽃술이 있다. 임정요인묘 입구의 불두화에 백당나무도 섞여 있어 구별해 보는 즐거움을 느낄 수 있다.

석가모니는 보리수나무 아래에서 진리를 깨쳤다고 한다. 이 공원에서 보리수나무는 한 그루밖에 보지 못했다. 운동시설이 있는 북문 부근 광장이다. 그나마 키가 크지 않고 잘 자라지도 못했으나 꿋꿋이 버티고 있다. 떨기나무인 보리수나무는 잎이 가죽질이고 잎 뒤쪽은 은백색으로 윤기가 돈다. 이 시기에 작은 흰 꽃이 피고 가을에 앵두 같은 빨간 열매가 달린다. 보리수나

열매를 단 뜰보리수나무(6월).

무와 비슷한데 꽃이 좀 일찍 피고 열매도 보리수나무보다 이른 6~7월에 열리는 것은 뜰보리수나무다. 두 나무 모두 열매를 먹어 보면 단맛이 좀 나지만 별로 맛있지는 않다.

석가모니와 연관된 나무는 이 보리수나무가 아니라 인도보리수나무다. 인도보리수나무는 따뜻한 곳에서만 자라는 상록활엽수여서 우리나라에선 자생하지 않는다. 그래서 절에서는 대개 보리자나무나 찰피나무를 심고 나무 이름을 보리수나무 또는 염주나무라 써놓기도 한다. 둘 다 피나무과의 큰키나무로, 열매가 염주 모양이다.

여러 해 전 인도 총리가 우리나라에 오면서 인도보리수나무를 한 그루 갖고 왔다. 그 나무가 경기도 광릉 국립수목원의 온실에 있다. 가서 보니 몸피가 큰 데다 잎이 두껍고 무성해서 석가모니가 그 아래에서 포근함을 느끼며 정진할 만했다.

기독교와 이슬람교가 사막에서 생겼다면 불교는 숲에서 나왔다. 수행자들도 숲에 머문다. 석가는 "초목, 숲, 산림, 천택(개울과 늪) 등을 태우지 말며 파괴하지 말라"고 한 것으로 전해진다. 인도의 불교를 되살린 아소카 왕은 일생 동안 다섯 그루의 나무를 심고 돌봐야 한다고 백성들에게 권했다. 치유력이 있는 나무, 열매를 맺는 나무, 땔감으로 쓸 나무, 집 짓는 데 쓸 나무, 향기 나는 꽃나무가 그것이다. 백성들은 나무와 친해지지 않을 수 없었을 것이다. 삼국시대부터 고려시대까지 최고 지식인층을 형성한 우리나라 불교 수행자들은 중국 등을 드나들면서 '숲의 전령사' 구실을 했다. 이들이 불두화, 배롱나무, 파초, 상사화, 참죽나무 등을 들여왔다고 한다.*

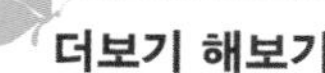

더보기 해보기

보리수나무와 이름이 비슷한 나무로 보리장나무, 보리밥나무가 있다. 모두 보리수나무과에 속하며 모양도 비슷하다. 하지만 보리장나무와 보리밥나무는 보리수나무와 달리 상록덩굴성이어서 기후가 따뜻한 남해안과 도서 지방에서 주로 볼 수 있다. 둘 다 꽃이 가을에 피고 열매는 이듬해 봄에 붉은색으로 익는다. 보리장나무의 잎이 보리밥나무에 비해 약간 길쭉하다. 제주도 등 남쪽 지방에 있을 때 구별해서 살펴보면 재미있다.

* 탁광일·전영우 외 21명(2005). 《숲이 희망이다》, 255~259쪽.

역시 작지만 강렬한

공원의 필수 나무 2

쥐똥나무, 사철나무, 낙상홍, 좀작살나무, 병꽃나무, 국수나무

이 시기에 꽃이 피는 공원의 필수 나무들이 또 있다. 모두 떨기나무로, 대개 산책 길 주변을 장식한다. 생존력이 강하고 꽃도 예쁘다.

서울 노인회 건물 옆 계단을 따라 심어 놓은 쥐똥나무는 경계목으로 애용된다. 5~6월에 가지 끝에 뭉쳐서 피는 흰 꽃은 세련미가 있다. 마주나는 작은 타원형 잎도 깔끔하다. 가을에 가지 끝에 쥐똥처럼 작고 검은 열매가 뭉쳐서 달린다. 그래서 쥐똥나무다. 쥐똥나무는 대개 사람 키보다 작은데, 백범 김구의 묘 오른쪽에 키가 4~5미터 되는 게 한 그루 있다. 키가 크고 잔가지가 많은 만큼 꽃과 열매도 엄청나게 많아 장관을 이룬다. 주위에 다른 나무가 없어서 더 돋보인다. '쥐똥'이라는 이름이 주는 느낌과는 전혀 달라 지나갈 때마다 멈춰서 안부를 물어보

쥐똥나무(5월 말). 잎과 꽃이 모두 단정하다.

게 되는 나무다.

공원 곳곳에 있는 사철나무는 항상 그 자리를 지키는 고정 시설물과 같다. 말 그대로 사철 두꺼운 녹색 잎을 달고 있어 분위기 조성에 제격이다. 눈여겨보면 사철나무는 잎보다 꽃과 열매가 더 예쁘다. 6월에 피기 시작하는 작은 꽃은 약간 노란색이다. 꽃잎과 꽃받침, 수술이 모두 4개인 사수성 형태다. 가을에 황갈색이나 적갈색으로 익는 열매도 네 쪽으로 갈라진다. 사철나무가 속한 노박덩굴과 나무들은 꽃과 열매의 모양이 모두 닮았다. 산에서 눈에 잘 띄는 열매를 달고 있는 회나무 종류가 모두 노박덩굴과이다. 사철나무 종류 가운데 바닥에 깔리거나 다른 나무를 타고 오르는 건 줄사철나무다. 꽃과 열매는 사철나무

사철나무 꽃(6월 말)과 열매(12월).

와 비슷하지만 크기가 작다. 이 공원에도 여러 곳에 있다.

낙상홍은 공원의 가운데 구역에 밀집돼 있다. 이 시기에 피는 연한 자색의 꽃은 크기가 작아 잘 살펴봐야 꽃이란 걸 알 수 있다. 가을에 작고 빨간 열매가 열리는데, 서리가 내릴 때까지 달려 있다고 해서 낙상홍이다. 겨울에 새들이 좋아하는 나무다. 줄기가 곧지 못하고 울퉁불퉁하지만 나름대로 매력이 있다. 역시 경계목으로 많이 심는다.

좀작살나무는 북문 부근 연못 주위에 있다. 개나리처럼 잎이 마주나고 잎 모양도 비슷하다. '작살'이라는 이름은 줄기 위쪽의 가지가 작살처럼 브이(V) 자 모양으로 갈라진다고 해서 붙었다. 하지만 모두 그런 게 아니어서 잘 살펴봐야 알 수 있다.

귀여운 모양의 연한 자색의 꽃은 더울 때 잎겨드랑이에서 핀다. 가을에 뭉쳐서 달리는 자주색 열매 역시 귀엽다. 공원에 심는 것은 대개 좀작살나무이지만 산에는 비슷한 모양의 작살나무가 많이 자란다.

연못 부근에는 병꽃나무도 여러 그루 있다. 꽃이 피지 않으면 작살나무와 비슷해 보인다. 5~6월에 잎겨드랑이마다 1~2개씩 피는 꽃이 작은 병 모양이어서 병꽃나무다. 병꽃나무는 산 아래쪽에서나 위쪽에서나 두루 잘 자란다. 병꽃나무 꽃은 처음에는 황록색이었다가 수분이 되면 붉게 바뀐다. 이미 짝짓기를 했으므로 더는 접근할 필요가 없다고 곤충들에게 신호를 보내는 것이다. 이렇게 꽃 색깔이 바뀌는 나무가 여럿 있다. 이 공원에는 없지만 인동 꽃도 흰색에서 노란색으로 바뀐다. 그래서 금은화라고도 불린다.

국수나무가 비슷한 크기의 좀작살나무와 병꽃나무 사이에 섞여 있다. 잘 살펴보지 않으면 그냥 지나치기 쉽다. 국수나무는 조팝나무나 황매화와 모양이 비슷하지만 잎의 결각이 좀더 심하다. 5~6월 새 가지 끝에 연노란 빛이 도는 흰색 꽃이 모여서 핀다. 줄기 가운데의 골속이 국수 가닥처럼 생겼다고 해서 국수나무다. 철사 같은 것으로 줄기 가운데를 쑤시면 흰 국수 가닥 같은 것이 빠져나온다. 물론 살아 있는 줄기로 시험해 볼 일은 아니다.

꽃망울을 터뜨린
낙상홍(5월 말).

잎겨드랑이에서 꽃을 피우는
좀작살나무(6월 중순).

병 모양의
병꽃나무 꽃(5월 초).

꽃망울을 단
국수나무(5월 중순).

국수나무는 양지쪽을 좋아한다. 그래서 산에 가면 빛을 많이 받는 등산로 주변에 흔하다. 국수나무를 따라가면 길을 잃지 않는다는 말이 있을 정도다. 경상도에서는 국수를 '국시'라고 한다. 둘의 차이는 뭘까? 국수는 밀가루로 만들지만 국시는 '밀가리'로 만든다는 우스갯소리가 있다.

더보기 해보기

하얗게 피어 있는 국수나무의 꽃을 루페(확대경)로 들여다보자. 맨눈으로 보는 것과 또 다른 환상적인 아름다움을 즐길 수 있다. 너무 흔해서 하찮아 보이는 나무에도 아름다움을 숨겨 놓은 것이 자연의 힘이다.

봄과 여름 사이에서

찔레나무, 장미, 모과나무, 나무수국, 산수국

"찔레꽃 붉게 피는 남쪽 나라 내 고향"이라는 노랫말에는 문제가 있다. 찔레꽃은 대부분 흰색이고 가끔 연분홍색 꽃을 볼 수 있기 때문이다. 바닷가에 많은 해당화를 찔레꽃으로 잘못 이야기했다는 설이 유력하다. 찔레꽃에 관한 노래는 이보다 "엄마 일 가는 길에 하얀 찔레꽃/ 찔레꽃 하얀 잎은 맛도 좋지"라는 가사가 더 정확하다. 찔레나무는 꽃도 먹고 연한 순도 먹는다. 달짝지근해서 먹을 것이 부족하던 시절에 좋은 간식거리가 됐다.

찔레나무는 생명력이 강해 봄에 누구보다 먼저 잎을 낸다. 초봄에 산에 가서 보면 떨기나무 중에는 찔레나무, 큰키나무 중에는 귀룽나무가 독보적으로 빨리 녹색 잎을 낸다. 효창공원에도 찔레나무가 여러 곳에 있다. 5~6월에 꽃이 피고, 가을에 작고 빨간 열매를 단다. 여름에는 다른 덩굴식물과 뒤엉켜서 자라는

꽃을 활짝 피운 찔레나무(5월 중순).

경우가 많다. 줄기에 가시가 많아 찌른다고 찔레가 됐다고 한다.

이 찔레나무가 들장미다. 찔레나무를 개량해서 장미를 만들었다. 그래서 장미꽃이 예쁘고 화려하기는 하지만 찔레꽃에 비하면 인위적인 느낌이 든다. 장미꽃은 찔레꽃보다 조금 이른 시기에 피지만 오래 간다. 장미 열매는 찔레나무와 달리 스스로 번식하지 못하는 헛열매(위과)다. 장미 재배기술은 중국 당나라 때 크게 발달했지만 영국이 중국에서 기술을 배워 '장미 강국'이 됐다. 청출어람이다. 우리나라에서는 전통적으로 장미보다는 찔레나무가 더 친근했다. 이 공원에도 장미는 조금밖에 없다.

모과나무도 이 시기에 꽃을 피운다. 모과나무는 동문 오른쪽과 의열사 건물 왼쪽 옆에 여러 그루 있다. 어린 모과나무는 명자나무와 닮은 데가 있다. 두 나무는 모두 장미과여서 잎의 크기와 모양이 비슷하다. 단 명자나무에는 크기가 작은 잎도 함

모과나무 잎과 열매(9월 초).

모과나무의 얼룩무늬 줄기(9월).

께 달린다. 꽃 모양도 좀 비슷하다. 둘 다 꽃잎이 5개로 소담하다. 다만 모과나무 꽃은 분홍색에 가까운 데 비해 명자나무 꽃은 주홍색이 많아 강렬한 느낌을 준다. 한여름에 달리는 큼직한 열매는 모과나무가 좀더 크고 약간 울퉁불퉁하지만 둘 다 먹음직스럽다.

뚜렷하게 다른 점도 있다. 명자나무는 떨기나무여서 아래로 깔리고 모과나무는 작은키나무여서 사람 키보다 훨씬 크게 자란다. 줄기도 명자나무는 잎에 묻혀 잘 보이지 않을 정도로 가는 편이다. 반면 모과나무 줄기는 굵고 얼룩덜룩한 무늬가 있어 멀리서도 알아볼 수 있다.

모과나무 열매를 보고 세 번 놀란다는 이야기가 있다. 우선 못생겨서 놀라고, 그다음에 못생긴 열매의 향이 너무 감미로워

놀라며, 마지막으로 먹어 보면 맛이 없어 놀란다고 한다. 모과 열매의 신맛이 강한 것은 먹지 말고 가까이에 두고 그 향을 오래오래 즐기라는 뜻일 법하다.

장미꽃만큼 아름다운 게 수국 무리의 꽃이다. 그래서 수국 무리는 어느 공원에나 빠지지 않는다. 꽃이 피는 시기도 장미꽃과 비슷하다. 가지 끝에 뭉쳐서 달리는 하얀 수국꽃은 풍성하고 정겹다. 무성화인 장식화와 양성화가 섞여서 피는 게 특징이다. 무성화란 꽃술이 없고 꽃잎만 있는 것을 말한다. 얼른 보면 불두화와 닮았지만 불두화에 비해 잎이 갸름하다. 또 잎이 좀 가죽질이어서 떨어져서 봐도 묵직한 질감이 있다.

수국은 효창공원 주변에는 있지만 안에는 없다. 대신 거의 같은 나무수국이 있다. 정문 오른쪽 길 100미터 지점에 여럿이 함께 자란다. 나무수국은 수국보다 한 달쯤 늦게 꽃이 핀다. 나무수국 역시 장식화와 유성화가 섞여 있지만 유성화는 잘 보이지 않는다. 큼직한 무성화가 뭉쳐 있는 모습이 볼 만하다. 수국은 잎이 마주나는 데 비해 나무수국은 3장씩 돌려나는 잎이 섞여 있다. 겨울에 마른 가지에 큼직한 겨울눈이 3개씩 돌려붙어 있는 모양이 독특하다.

수국 종류 중에 사람들이 가장 좋아하는 건 산수국이다. 나무수국과 비슷한 때에 꽃이 피는 산수국은 작은 양성화 주위를 깔끔하고 예쁜 장식화가 둘러싸고 있어 경이로움을 느끼게 한

수국, 나무수국, 산수국 꽃의 비교(6~7월).

다. 장식화의 색도 흰색에서 자주색, 보기 어려운 연한 청색까지 다양하다. 이 장식화는 수분이 되고 나면 뒤집어진다. 꽃의 색이 바뀌는 병꽃나무보다 더 친절하게 "나는 이미 결혼한 몸이야"라고 곤충들에게 알려 주는 것이다. 산수국은 서울 노인회 건물 옆에 자욱하게 심어져 있다. 수백 송이의 꽃이 한꺼번에 피면 어느 화원도 부럽지 않다. 이 시기의 여왕이라고 할 만하다. 이곳의 산수국 꽃을 보지 않고 효창공원에 대해 이야기하는 것은 실례랄 수 있다.

더보기 해보기

수피가 얼룩덜룩한 이른바 '예비군복 나무'가 여럿 있다. 대표적인 게 모과나무이고 그 외 얼룩거리는 정도는 다르지만 백송, 산딸나무, 노각나무, 배롱나무, 육박나무 등이 있다. 이렇게 나무가 저마다 가지고 있는 특성을 익혀 두면 나무와 쉽게 친해질 수 있다.

비슷하지만 다른

아카시나무, 회화나무, 족제비싸리, 중국굴피나무

아카시나무는 도시 주변의 산에서 흔히 볼 수 있다. 작은 잎이 9~19개인 겹잎에다 줄기에 가시가 있다. '아카시아'가 아니라 '아카시'나무다. 아카시아나무는 아프리카에는 있지만 우리나라에는 없다. 이름이 잘못 불린 것은 미국에서 대거 도입된 초기에 그렇게 불렀기 때문이다. "동구 밖 과수원길 아카시아 꽃이 활짝 폈네"로 시작되는 동요의 책임도 크다. 요즘에는 아카시나무라고 올바르게 팻말을 붙여 놓은 곳이 많다.

아카시나무는 잘 자라는 터라 1960년대 이후 많이 심었다. 어릴 적 기억을 되살려 봐도 동네 산에 아카시나무가 흔했다. 효창공원이라고 다를 바 없었겠지만 지금까지 남은 나무는 얼마 되지 않는다. 함께 또는 이후에 심은 다른 나무들에 밀렸기 때문일 것이다. 아카시나무는 서울 노인회 건물 맞은편에 여러 그루, 정문과 동문 사이 구역에 몇 그루가 있다.

아카시나무는 꽃이 피면 쉽게 알 수 있다. 새 가지의 잎겨드랑이에 밑으로 처지면서 뭉쳐서 피는 흰색 꽃은 향기가 강하다. 5월 중하순이 개화시기인데, 이 꽃이 만발하면 '봄이 가는구나'라고 생각하게 된다. 최근 몇 해 동안에는 일찍부터 기온이 올라가 5월 초부터 꽃이 피기 시작했다. 꽃이 없을 때는 가시나 아래로 깊게 패인 나무껍질로 구분할 수 있다. 가시는 대개 새 가지에 더 많다. 스스로를 보호하기 위해서다. 가끔씩 가시가 잘 보이지 않는 아카시나무가 있더라도 잘 살펴보면 한두 개는 찾을 수 있다. 나무껍질에 파인 골은 이 공원의 나무들 가운데 가장 깊다고 해도 좋다.

아카시나무와 모양이 비슷해 헷갈리기 쉬운 게 회화나무다. 둘 다 겹잎의 큰키나무인 데다 콩과여서 열매까지 닮았다. 효창공원에는 회화나무가 많다. 북문에서 서쪽 담장을 따라 수십 그루가 있고 다른 곳에도 여럿 있다. 회화나무는 본격적으로 더워지는 7월쯤 가지 끝에 황백색 꽃이 뭉쳐서 피는 게 아카시나무와 다르다. 이 시기에 서울 강남 쪽 올림픽대로를 달리면 좌우 가로수로 길게 늘어선 회화나무에 꽃이 가득한 모습을 즐길 수 있다. 어쩐 일인지 효창공원의 회화나무들은 계속 봐도 꽃을 별로 피우지 않고 있다.

회화나무는 아카시나무와 달리 껍질이 아래로 부드럽게 갈

골이 깊게 파인 아카시나무 줄기와 골이 부드럽게 보이는 회화나무 줄기.

라진다. 냇물에 비교하자면 아카시나무는 격랑인 데 비해 회화나무는 잔잔하게 흔들리는 물결이다. 자세히 보면 작은 잎의 끝부분도 회화나무가 아카시나무에 비해 약간 뾰족한 편이다. 열매 모양도 다르다. 아카시나무는 콩 열매와 모양이 거의 비슷하지만 회화나무 열매는 염주를 엮어 놓은 것처럼 올록볼록해 멀리서도 구분할 수 있다.

회화나무는 조선시대 선비들이 좋아했다. 뜻있는 선비라면 집 안에 한두 그루는 심었다. 과거 급제자에게 임금이 내려 주는 어사화에 회화나무 꽃을 사용하기도 했다. 중국 고전인《주례》에는 면삼삼괴삼공위언(面三三槐三公爲焉)이라는 대목이 나

꽃이 만발한 회화나무(7월).

온다. 영의정·좌의정·우의정 등 삼공의 자리에 회화나무를 심어 표시를 한다는 뜻이다. 여기서 '괴'가 회화나무다. 회화나무를 좋아하는 선비의 마음에는 삼공의 자리에 오르고 싶다는 꿈이 담겨 있는 것이다. 충북 괴산이라는 지명도 회화나무와 관련이 있다.* 이런 유래를 모르더라도 꽃이 만발한 회화나무를 보면 기분이 좋아진다.

어린 아카시나무와 비슷한 게 또 있다. 족제비싸리다. 언뜻 보면 모든 게 닮았지만 몇 가지 다른 점이 있다. 우선 아카시나무는 줄기에 가시가 있지만 족제비싸리는 매끈하면서 점무늬가 있다. 또 족제비싸리는 잎이 더 작고 촘촘하게 달린다. 작은 잎의 끝부분이 족제비싸리는 약간 튀어나온 반면 아카시나무는 안쪽으로 들어가 있는 것도 다르다. 물론 꽃이 달리면 금세

꽃이 위로 솟구치는 족제비싸리(6월).

구별이 된다. 족제비싸리는 봄에서 여름으로 이어지는 시기에 가지 끝에 족제비 꼬리 모양의 꽃이 달린다. '족제비'라는 말이 들어가서 거칠게 들리지만 실제로는 정감이 가는 나무다. 계속 접하다 보면 아카시나무보다 더 친근함이 든다. 떨기나무여서 키가 크지 않고 산책길을 따라 쉽게 만날 수 있어 그런가 보다.

여러 해 동안 효창공원을 다니면서도 아카시나무인 줄 잘못 안 나무가 있다. 정문과 동문 중간쯤에 여러 그루가 있는 큰키나무다. 좀 이상하긴 했다. 나무껍질 갈라진 모습이 아카시나무보다는 덜하고 회화나무보다는 심했다. 꽃이 피기를 기다렸지만 잘 눈에 띄지 않았다. 결국 열매가 열려서야 알았다. 중국굴피나무다. 이 나무는 겹잎의 모양이 아카시나무나 회화나무와 비슷하지만 자세히 보면 잎줄기에 날개가 있다. 하지만 잎은 가지 위

하늘을 이고 있는 듯한 중국굴피나무(1월). 수피가 아카시나무보다 얕게 갈라진다.

쪽에 높이 달려 있어서 확인할 수가 없었다. 어느 날 높은 가지 끝에 늘어진 열매가 눈에 들어왔다. 층이 진 귀걸이 같은 모습인데, 열매가 많지는 않았다. 이 열매는 7~8월에 볼 수 있다.

오래 전에 이곳에 이 나무를 심었을 누군가의 마음을 가늠해 본다.

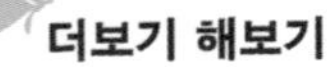

더보기 해보기

떨어진 아카시나무 가지에서 잎을 훑고 잎줄기만 남겨 아이들 머리에 파마를 말아 보자. 긴 잎줄기를 반으로 접어 그 사이에 앞머리나 옆 머리카락을 조금 집어넣어 돌돌 말고, 남은 잎줄기를 말린 머리카락 사이에 끼워 고정시킨다. 20~30분 뒤에 풀면 머리카락이 파마한 모양으로 곱슬거린다. 1960~1970년대 아이들 사이에서 유행한 부분 파마머리다.

* 박상진(2009).《우리 문화재 나무 답사기》, 120쪽.

화려해지는 풀꽃

노랑꽃창포, 자주달개비, 작약, 모란, 금낭화, 기린초,

패랭이꽃, 꿀풀, 바위취, 까치수영, 당아욱, 끈끈이대나물, 접시꽃

이 시기의 풀꽃은 대개 화려하다. 녹색의 바다에서 곤충들의 눈에 띄려면 그럴 필요가 있을 것이다. 덩달아 사람들의 눈도 즐겁다.

대표적인 게 물에서는 노랑꽃창포, 뭍에서는 자주달개비다. 노랑꽃창포는 정문과 북문 부근의 연못에 있다. 난초 같은 잎 사이로 줄기가 올라와 위쪽에 샛노란 꽃이 달린다. 어느 날 갑자기 커다란 꽃이 물에서 솟아난 것 같다. 이름에 창포가 들어가고 잎 모양도 창포와 비슷하지만 창포와는 관계가 없다. 붓꽃과여서 붓꽃 모양이다. 다른 붓꽃들은 대개 노랑꽃창포와는 달리 자주색이다.

붓꽃 종류는 가까이서 보면 재미있다. 모양이 다른 화피가 함께 있는데, 바깥에 늘어진 화피(외화피) 안쪽에 작은 화피(내화

노랑꽃창포(5월 중순).

달개비(6월 말).

피)가 서 있다. 화피는 꽃잎과 꽃받침이 구별되지 않는 경우 이 둘을 통틀어 일컫는 말이다. 그런데 내화피와 외화피를 아무리 바라봐도 암술과 수술을 찾을 수가 없다. 이럴 때는 실례를 무릅쓰고 내화피를 들쳐 봐야 한다. 두 화피 사이에 숨어 있던 암술과 수술이 비로소 모습을 드러낸다. 좁은 틈으로 곤충들이 몸을 뒤집어서 들어가야 하는 구조인데, 곤충들은 누가 말해 주지 않아도 이를 잘 안다.

자주달개비 역시 난초 같은 잎 사이로 줄기가 올라와 끝에 자주색 꽃이 모여서 핀다. 청색이 약간 도는 경우도 있다. 역시 붓꽃처럼 외화피와 내화피가 있지만 붓꽃과가 아니라 닭의장풀과다. 달개비와 닭의장풀은 같은 말이다. 자주달개비는 북문 왼쪽에 무리를 지어 심어 놓았다.

작약과 모란의 꽃도 이 시기에 핀다. 둘 다 효창공원 여러 곳에 있다. 둘은 모양이 거의 같다. 잎이 3개씩 모여 나는 삼출엽

작약(5월 중순).

모란(5월 말).

또는 삼출엽이 한 차례 더 되풀이되는 2회 삼출엽이다. 큼지막하고 붉은 꽃은 정열적이다. 모란과 작약의 가장 큰 차이는 모란은 나무이고 작약은 풀이라는 점이다. 곧, 아래에 딱딱한 줄기가 있으면 모란이고 겨울에 줄기가 남지 않으면 작약이다.

흔히 모란은 꽃향기가 없다고 한다. 신라의 첫 여왕인 선덕여왕이 즉위하자 중국 쪽에서 벌과 나비가 없는 모란꽃 그림을 보냈다는 설화에서 나온 얘기다. 선덕여왕을 향기 없는 모란에 빗대 조롱했다는 것이다. 하지만 모란꽃에 코를 대보면 다른 꽃에 못잖은 향기가 난다. 이야기는 이야기일 뿐인가보다. 중국인들이 매화와 함께 모란을 가장 좋아하는 것도 이 설화의 내용과 걸맞지 않는다.

키 작은 풀꽃으로는 금낭화, 기린초, 패랭이꽃이 있다. 금낭화의 '낭'은 귀고리를 뜻한다. 꽃줄기에 귀고리 모양의 붉은 꽃이 주렁주렁 달린 모습이 앙증맞다. 키는 발목 정도까지다. 공

금낭화(5월 초)

꽃이 한창인 기린초(6월 중순).

원 구석구석에 숨어 있어 잘 찾아봐야 한다. 예쁜 꽃이 피는 식물이 그런 경우가 흔하듯이 독성이 있으므로 나물로 먹을 때는 조심해야 한다.

기린초는 작은 노란색 꽃이 줄기 끝에 뭉쳐서 핀다. 두꺼운 잎이 줄기에 딱 붙어 있어 작은 나무처럼 보이기도 한다. 기린초가 무리를 지어 꽃을 피우면 편안하고 안정된 느낌이 든다.

패랭이꽃은 자주색 꽃의 끝부분이 톱니처럼 잘게 갈라져 있어 패랭이라는 이름에 딱 들어맞는다. 하지만 작은 꽃이어서 곤충에게나 비를 피하는 패랭이가 될지 모르겠다. 패랭이꽃은 대개 무리를 짓지 않고 자란다. 이곳에서도 마찬가지다.

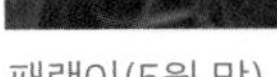
패랭이(5월 말).

곤충들이 좋아하는 꿀풀 꽃(6월 중순).

꿀풀꽃도 이 시기에 핀다. 꿀풀은 이름 그대로 벌과 나비에게 꿀을 제공하는 밀원식물(*honey plants*)이다. 줄기 끝에 입술 모양의 자주색 꽃이 돌아가면서 많이 핀다. 키는 발목 정도밖에 되지 않는다. 꿀풀과 풀들은 줄기가 모두 각이 져 있는 것을 만져서 확인해 볼 수 있다. 꿀풀은 풀 전체를 약재로 써왔다고 한다. 꿀풀과 비슷한 향유와 꽃향유, 배초향은 한여름이나 가을에 꽃이 핀다.

이 시기에 피는 독특한 모양의 꽃이 또 있다. 바위취꽃이다. 꽃잎이 5개인데, 2개만 길쭉하고 3개는 짧아 2개뿐인 것처럼 보인다. 긴 꽃잎의 길이가 짧은 꽃잎의 5배 이상은 된다. 긴 꽃잎은 순백색이고 짧은 꽃잎에는 빨간색 무늬가 있는 것도 재미있다. 신기해서 다시 보게 되는 꽃이다. 넓적한 잎에는 흰 줄무늬가 있는데 꽃과 별개인 듯하면서도 잘 어울린다. 바위취라는 이름대로 잎은 바닥에 깔린다.

특이한 모양의 바위취꽃(6월 초).

까치수영(6월 중순).

까치수영꽃도 피기 시작한다. 평범한 잎과 줄기에 비해 꽃이 돋보인다. 줄기 끝에 꼬리 모양으로 흰 꽃이 가득 달리는데, 끝 부분을 아래로 숙이고 있다. 나비와 벌이 쉽게 앉을 수 있도록 배려하는 듯하다. 꽃은 아래에서부터 순차적으로 핀다. 지혜롭게도 한꺼번에 피면 일기에 따라 수분을 하지 못하는 불상사를 막으려는 것이다. 이런 사실을 모르고 꽃줄기의 꽃이 모두 피어 있는 까치수영을 찍겠다고 찾아다니던 때가 있었다. 자연의 섭리를 모르면 고생할 수밖에 없다. 까치수염이라고도 하지만 까치수영 쪽에 마음이 더 끌린다. 잎을 씹어 보면 수영과 비슷한 신맛이 나기 때문이다.

공원 안에는 없지만 주변에서 이 시기에 볼 수 있는 예쁜 꽃이 있다. 첫째는 당아욱이다. 아욱은 국으로 먹으면 보약이 된다고 할 정도로 유용한 먹거리다. 당아욱은 식용은 아니지만 자주색 꽃이 아욱보다 낫다. 수더분한 잎과 줄기에서 어떻게 이런

당아욱(6월 말).

끈끈이대나물(6월 말).

접시꽃(6월 중순).

깔끔한 꽃이 필까 싶다.

둘째는 끈끈이대나물이다. 줄기에 끈끈한 수액이 있어 벌레를 잡는다. 영어로는 파리잡이(Catchfly)라고 하는데, 줄기가 가늘어서 파리는 잘 잡지 못할 것 같고 개미 정도는 잡을까 모르겠다. 역시 붉은색 꽃이 예쁘다.

셋째는 접시꽃이다. 다양한 색깔의 접시꽃 가운데 흰색은 말쑥해서 정겹다. 접시꽃은 《접시꽃당신》이라는 시집으로 유명해진 꽃이다.

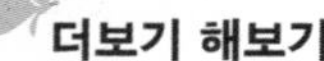

더보기 해보기

길가나 빈터의 습기가 있는 곳에서 쉽게 눈에 띄는 닭의장풀(달개비) 꽃으로 종이에 그림을 그려 보자. 꽃이 종이에 잘 스며든다. 파란색 꽃이 내는 빛깔이 환상적으로 곱고, 꽃술의 노란색이 방점을 찍어 준다.

하지에서 입추까지

4장

6월 말에서 8월 초까지다. 찌는 듯한 날씨가 이어지는 게 바로 이때다. 하지만 아무리 더운 날이라도 공원의 나무 그늘은 시원하기까지 하다. 식물들은 '햇볕 스트레스'를 심하게 받으면서도 태양 에너지를 최대로 활용한다. 이 시기에 나무는 영양성장이 크게 줄고 본격적인 생식성장으로 들어가 열매에 집중하기 시작한다. 아울러 생명을 위한 또 하나의 작업을 활발하게 벌인다. 겨울눈 만들기가 그것이다. 가장 에너지가 왕성한 시기에 나무는 잎겨드랑이에 조그만 저금통을 만들어 내년 봄에 내보낼 가지와 잎과 꽃을 위해 에너지를 저축하는 것이다. 잘나갈 때 미리미리 어려움에 대처하는 지혜로움이다. 어느 나무의사는 겨울눈을 일컬어 '나무 위에 뿌린 씨앗'이라고 했다. 가을이 되면 그 형태를 더욱 뚜렷하게 볼 수 있다.

여름을 견디는 나무

배롱나무, 무궁화, 누리장나무, 능소화, 노각나무

이 시기에 꽃을 피우기 시작해 여름 내내 뜨거운 햇볕을 견뎌내는 나무들이 있다. 배롱나무가 대표적이다. 100일 동안 붉은 꽃이 핀다고 해서 '목(나무)백일홍'이라고 하다가 배롱나무가 됐다고 한다. 그 인내심이 종교적 열정을 닮아서인지 절에서 많이 심는다. 다른 이유도 있다. 겨울이 되면 매끄러운 가지만 남기고 모든 것이 사라진다. 다시 잎과 꽃이 날 수 있을지 의심스러울 정도다. 때가 되면 주저 없이 훌훌 털어 버리는 모습이 불교에서 말하는 무소유를 떠올리게 한다.

이 공원에는 배롱나무가 여러 그루 있지만 남쪽 정문 광장 가장자리에 있는 게 가장 볼 만하다. 이곳을 지날 때면 꼭 잎을 만져 보고 꽃의 향기도 맡는다. 배롱나무는 더위와 가뭄에 강하다. 열악한 조건에서도 꽃이 풍성해 부럽기까지 하다. 요즘에는

꽃이 만발한 정문 광장 부근의 배롱나무(8월 초).

흰 꽃이 피는 배롱나무도 심심찮게 볼 수 있는데, 사람이 만든 품종이다. 흰 꽃이 피는 나무를 목백일홍이라고 하는 것은 좀 이상하다. 그래서 '백일백'으로도 불린다. 목백일홍은 따뜻한 곳에서 살던 나무여서 겨울에는 줄기가 얼지 않도록 짚이나 천으로 감아 줘야 하지만 추위를 잘 견디는 백일백은 그냥 두는 경우가 많다.

한여름 꽃으로는 무궁화도 제격이다. 이 공원에는 무궁화가 많다. 세 묘지와 의열사 주변에 줄지어 심어 놓았다. 무궁화는 인내와 저력의 상징이다. 말 그대로 꽃이 끊임없이 피고 진다. 색깔도 갖가지다. 하나하나의 무궁화꽃은 수명이 짧아 아침에 피었다가 저녁에 지지만, 여름 내내 꽃이 있다. 그래서 무궁화

무궁화(7월 중순).

특이한 모양의 누리장나무 꽃(7월 중순).

다. 공원 가운데 구역의 삼의사 묘지 부근에 있는 것이 가장 볼만하다.

눈에 띄는 꽃이 또 있다. 누리장나무다. 서울 노인회 건물 뒤쪽에서 북문으로 이어지는 산책로에 몇 그루밖에 없는 귀한 나무다. 산에서는 5~6미터 이상 자라기도 하지만 여기서는 키가 1미터 정도밖에 되지 않는다. 가지 위쪽에 흰 꽃이 모여서 달린다. 꽃마다 5개의 꽃잎이 뚜렷하게 갈라지고 암술과 수술이 길게 솟아나 보기가 좋다. 녹색 하늘에 하얀 별들이 반짝이는 듯하다. 시간이 지나면 꽃받침이 녹색에서 빨간색으로 바뀐다. 가을에 그 위에 짙푸른 열매가 달리면 예술적인 아름다움까지 느껴진다. 누리장은 잎에서 누린내가 난다고 해서 붙여진 이름이다. 이 냄새는 벌레로부터 자신을 지키기 위한 것으로, 누린내

북문 부근의 능소화(6월 말).

잎과 꽃이 모두 탐스러운 노각나무(6월 말).

라기보다는 콩이나 영양제 냄새라고 생각하고 싶다. 과거 '푸세식' 화장실에서 벌레를 쫓기 위해 사용하기도 했다.

북문 밖 요양원 건물 앞에 있는 능소화꽃도 여름에 두드러진다. 나팔꽃처럼 생긴 주홍색 꽃이 여름 내내 핀다. 덩굴나무여서 주택의 문 옆에 많이 심는다. 문기둥을 타고 올라 문 위에서 꽃을 피우면 집의 격이 달라 보인다.

여름에 예쁜 꽃을 피우는 나무가 또 있다. 노각나무다. 모과나무처럼 줄기가 매끈하면서도 얼룩덜룩하다. 하나씩 피는 하얀 노각나무 꽃은 소담하면서도 강렬하다. 계속 바라봐도 싫증이 나지 않는다. 노각나무는 북문 부근의 이팝나무와 이웃해서 여러 그루가 있다. 꽃이나 열매가 없을 때는 노각나무를 모과나무로 착각하기 쉽다. 노각나무는 큰키나무이고 모과나무는 작은키나무지만 이 공원에서는 크기가 거의 같다. '노각'의 의미를 두고 '사슴의 뿔'이라 하는 등 여러 설이 있지만 '백로의 다리' 쪽에 더 마음이 끌린다. 그렇게 생각하고 보면 줄기가 백로의 다리같이 미끈하다.

더보기 해보기

누리장나무의 꽃에는 4개의 수술과 1개의 암술이 있다. 화관 밖으로 길게 나와 있는 이들을 자세히 들여다보자. 4개의 수술이 위를 향하고 있으면 1개의 암술은 아래로 늘어지고, 1개의 암술이 위를 향하면 4개의 수술이 아래쪽으로 늘어진다. 자가수분을 피해, 수술이 위를 향할 때는 수꽃의 역할, 암술이 위를 향할 때는 암꽃의 역할을 하는 것이다. 자연의 오묘한 모습 가운데 하나다.

하나인 듯 여럿인 듯

댕댕이덩굴, 마, 노박덩굴, 배풍등, 청가시덩굴

지구온난화는 우리나라의 날씨를 변화무쌍하게 만든다. 건조한 날씨가 이어지다가 갑자기 폭우가 쏟아지고, 따뜻한 겨울 속에서 전례 없는 혹한이 닥치기도 한다. 우리나라는 중위도 지역인 데다 대륙과 해양이 만나는 곳에 있어서 이런 현상은 앞으로 더 심해질 가능성이 크다. 이는 이 땅에 사는 사람들뿐만 아니라 식물에게도 큰 도전이다. 하지만 식물, 그 가운데서도 나무는 사람보다 더 적응력이 강하다. 짧게는 수백 년에서 수천 년, 길게는 수억 년 동안 한 자리에서 온갖 고난을 겪어 낸 저력은 동물들이 미칠 바가 아니다.

식물 중에서도 덩굴식물은 생명력이 더 강하다. 복잡한 기후 변화 속에서 생태계의 작은 틈새를 재빨리 파고드는 유연함을 갖고 있다. 효창공원에서 여러 덩굴식물을 함께 볼 수 있는 곳이 있다. 북문에서 오른쪽 길로 100미터 정도 떨어진 곳이다. 길 옆 경사지 위쪽에 사방오리와 단풍나무가 몇 그루 있고 그 아래 수백 평은 될 만한 풀밭에 덩굴식물이 가득 뒤엉켜 있다.

이즈음 가장 세력이 강한 건 댕댕이덩굴과 마이다. 언뜻 보면 이 둘이 모든 공간을 다 점령한 듯하다. 둘은 잎 모양이 비슷해 구분하기가 만만치 않다. 잎맥도 닮았다. 대개 댕댕이덩굴은 잎 모양이 하트형이고 마는 가운데가 좀 들어간 하트형이지만 변형된 잎이 많아 확실한 구별 포인트는 아니다. 물론 자세히 보면 다른 점이 있다. 우선 댕댕이덩굴 잎은 어긋나기이고 마는 어긋나기와 마주나기가 섞여 있다. 마주나는 잎이 있다면 마인 것이다. 또 댕댕이덩굴은 나무여서 줄기가 질기고 단단한 반면, 마는 풀이어서 겨울에 사라진다. 댕댕이덩굴은 자기들끼리 줄기를 감는 경우가 많고, 묵은 줄기는 붉은 빛을 띤다. 마는 잎줄기와 닿은 잎 아래쪽에 약간 자줏빛이 돌지만 댕댕이덩굴은 거의 무색이다.

꽃과 열매를 보면 확실히 구별된다. 이 시기에 몇 송이 피어 있는 마꽃은 보는 순간 '이런 꽃도 있나'라는 생각이 들 정도로 신기하다. 작고 흰 구슬덩이가 뻗어 가는 모습으로 수꽃이 핀다. 가느다란 줄기와 대조를 이룬다. 반면 댕댕이덩굴은 잎겨드랑이에 자잘한 연노란색 꽃이 뭉쳐 있을 뿐이다. 좀더 있다가 열리는 열매는 아주 다르다. 댕댕이덩굴은 포도송이처럼 알알

마 잎(왼쪽)과 댕댕이덩굴(오른쪽) 잎 비교.

댕댕이덩굴 잎(6월 초)과 열매(11월).

특이한 모양의 마꽃(6월 말)과 마 열매(12월).

이 달린 열매가 흑자색으로 익는 반면, 마는 씨앗이 들어 있는 날개가 3개씩 붙어 둥근 형태를 이룬다(삭과). 흔히 잎겨드랑이에 붙어 있는 마의 살눈(주아)을 열매로 착각하기 쉽다. 살눈은 씨앗이 아닌 눈으로, 번식 기능을한다. 댕댕이덩굴은 마와 달리 암수딴그루다.

두 덩굴 사이로 노박덩굴과 배풍등이 곳곳에 보인다. 노박덩굴은 덩굴이지만 나무여서 줄기에 힘이 있다. 잎은 둥그런 느낌을 준다. 노박덩굴은 이미 지기 시작한 꽃보다 열매가 더 예쁘다. 가을에 작고 둥근 열매가 노란색으로 익어 세 쪽으로 갈라지면서 적황색 몸통을 드러낸다. 노박덩굴은 공원 여러 곳에서 군락을 이뤄 세력을 과시한다. 하지만 이 풀밭에서는 댕댕이덩굴에 밀리고 있다.

배풍등은 '풍'을 없애는(배제하는) 덩굴이라는 뜻이다. 실제

설익은 열매를 단 노박덩굴(9월 중순)과 열매(10월 말).

배풍등 열매(10월 말).

로 가을에 열리는 빨간 열매를 먹어 보면 마취성분이 약간 있는 것처럼 느껴진다. 통증을 줄여 주는 것이다. 독이 있다는 뜻이기도 하다. 자칫 아이들이 먹지 않도록 하는 것이 좋다. 잎은 아래쪽은 하트형이고 가운데가 죽 뻗은 모양이어서 구분하기 어렵지 않다. 잎에 털이 많아 멀리서 봐도 포근하다. 이 시기에 작은 흰 꽃이 달린다. 배풍등은 가지과에 속한다. 화분에 가지를 키우면 배풍등꽃과 닮은 부드럽고 예쁜 꽃을 볼 수 있는데, 가지과 식물의 꽃은 대개 비슷하다.

잘 눈에 띄지는 않지만 청가시덩굴도 몇 그루 있다. 다른 덩굴에 섞여 언뜻언뜻 보인다. 청가시덩굴은 잎 모양이 댕댕이덩굴과 닮았으나 줄기에 가시가 있다. 청가시덩굴은 중부지방에서 많이 볼 수 있고, 이와 비슷한 청미래덩굴은 남부지방에 많다. 청미래덩굴은 청가시덩굴과 달리 잎줄기에 좁은 날개가 붙어 있어 구별이 된다. 열매도 청가시덩굴은 검고 청미래덩굴은

청가시덩굴(6월 초).

청미래덩굴(7월 말).

붉다.

청가시덩굴과 청미래덩굴은 둘 다 어린잎을 나물로 먹을 수 있다. 청미래덩굴 잎으로 떡을 싸서 찌면 달라붙지 않고 오랫동안 쉬지 않으며 독특한 맛이 난다. 이렇게 청미래덩굴 잎으로 싸서 찐 떡을 '망개떡'이라고 한다.

더보기 해보기

마 열매와 살눈을 가지고 얼굴에 붙이는 놀이를 해보자. 마 열매는 3개의 날개가 시옷 자 형태로 돼 있어 콧등에 붙이기에 딱 좋다. 또 한 살눈을 반으로 잘라 볼이나 이마에 붙이면 쉽게 떨어지지 않는다.

시작되는 풀꽃의 계절

이질풀, 쥐손이풀, 꼬리풀, 맥문동, 칡,

미국자리공, 비비추, 옥잠화, 별꽃아재비

불볕더위가 계속되는 시기다. 그냥 있어도 땀이 줄줄 흐른다. 하지만 덥다고 생각하면 더 덥다. 숲으로 가보자. 의외로 시원하다. 공원에 들어서면 확연하게 다르다. 나무 위쪽 잎들의 희생 덕분에 아래쪽은 쾌적하다. 이때와 같은 한여름에도 꽃은 계속 핀다. 풀꽃은 오히려 지금부터가 절정이다.

한반도에 사는 꽃이 피는 식물 수천 종의 개화시기를 조사해 보면 7~8월이 가장 많고 5~6월과 9월이 그다음으로 나온다. 이는 기온과 강수량의 분포와 거의 일치한다. 특히 풀은 높은 기온과 많은 수분에 나무보다 더 민감하게 반응한다.

효창공원에 있는 7월의 풀꽃을 살펴보자. 먼저 이질풀이다. 속이 안 좋을 때 먹곤 해서 이런 이름이 붙었다고 한다. 키가 30센티미터가량밖에 안 되는 작은 풀이다. 5개의 꽃잎을 가진 연

이질풀(7월).

쥐손이풀(8월 말).

한 붉은색 꽃이 잎겨드랑이에서 2개씩 핀다. 가끔씩 흰 꽃도 있다. 손바닥 모양의 잎이 마주 붙고 3~5개씩 갈라진다.

이질풀과 비슷하지만 약간 다른 꽃이 있다. 색깔이 흰색이나 연분홍색에 가깝고 꽃 크기도 약간 작지만 구별하기가 쉽지 않다. 잎 모양도 닮았다. 쥐손이풀이다. 들여다보면 이질풀은 꽃잎마다 짙은 색의 줄이 대개 5개씩 있는 데 비해 쥐손이풀은 3개가 대부분이다. 둘 다 공원 곳곳에 있다.

북문 왼쪽 길 초입에 꼬리풀꽃이 보인다. 사람 허리까지 오는 줄기의 끝에 말 그대로 작은 꽃이 긴 꼬리 모양으로 피어 있다. 흰 꽃이니까 흰꼬리풀이다. 보통은 청자색이 많다.

맥문동꽃도 한창이다. 이 공원의 바닥에 깔린 원예종 풀은 맥문동이 가장 많다. 자주색 꽃대가 수없이 솟아 있는 모습이 장관이다. 봄부터 꽃이 피지만 이 시기가 전성기다. 꽃이 피지 않은 맥문동은 평범해서 다른 풀과 헷갈리기 쉽다. 잘 자라지 못한 어린 난초 같기도 하다. 그때는 잎맥을 보면 구별이 된다. 좁고 긴 잎인데도 11~15개의 잎맥이 뚜렷이 보인다.

칡꽃도 가끔씩 보인다. 칡이 흔하다고 해서 꽃도 평범할 것이라고 생각하면 오산이다. 솟아 있는 꽃대에 자주색 꽃이 뭉쳐 달린 모습은 경이롭기까지 하다. 칡과 같은 콩과 식물은 대개 꽃이 예쁘다. 커다란 칡의 잎은 3개씩 모여 나는 삼출엽이다. 가운데 잎은 둥글게 좌우대칭인 반면 양쪽 잎은 가운데 잎 쪽이 작고 바깥쪽이 큰 비대칭이다. 그래서 전체로 보면 빈틈이 적고 좌우대칭이 된다. 공간을 효율적으로 차지해 광합성 효과를 높이려는 지혜다. 칡은 햇볕을 좋아해 숲 안쪽보다는 숲 가장자리에서 잘 자란다. 이즈음 뜨거운 햇볕이 내리쬐는 자동차 도로 주변에서 쉽게 볼 수 있다. 이 공원에서도 그늘이 약한 동문 앞 광장 아래쪽 비탈에 모여 있다.

칡은 대표적인 망토식물이다. 망토를 입은 것처럼 지역을 장악해 생태계를 양쪽으로 갈라 버린다. 칡은 나무여서 줄기가 남는 데다 뿌리가 깊어서 해마다 세력을 키울 가능성이 크다. 미국에서는 칡을 위해식물로 지정하고 많은 돈을 들여 제거한다고 한다. 위해식물은 주변 환경에 해가 되는 식물로, 생태계를 교란하는 식물을 말한다. 유해식물이라고도 하지만 이 말은 자

꽃으로 공간을 꽉 채운 맥문동(7월 말).

꽃이 피어 있는 칡(7월 말).

칫 인식의 오해를 일으킬 수 있다. 근본적으로 생태계에는 유해한 것이 없기 때문이다. 오히려 칡뿌리와 칡즙은 훌륭한 먹거리가 된다.

요란스런 모양의 꽃이 여러 곳에서 보인다. 미국자리공이다. 붉은 빛이 도는 흰 꽃송이가 오이 같은 몽둥이 형태로 달려 있다. 몸집이 커서 다른 풀꽃을 압도한다. 사람 키만 한 것도 있다. 미국자리공은 번식력이 강해서 갈수록 개체 수가 늘고 있다. 북미에서 들어온 식물로 환경부가 위해식물로 지정했는데, 농사를 짓지 않는다면 일부러 뽑아낼 필요는 없지 않을까 싶다.

비비추에 이어 옥잠화도 꽃을 피우기 시작했다. 옥잠화는 정문 부근에 많이 있다. 꽃이 없을 때는 양쪽이 헷갈릴 수 있지만 꽃은 상당히 다르다. 비비추는 꽃대를 따라 올라가며 연한 자주색 꽃이 대개 한쪽으로 달린다. 반면 옥잠화는 꽃대 위쪽에 흰색 꽃이 여러 방향으로 핀다. 옥잠화꽃이 좀더 크고 비녀 모양에 더 가깝다. 그야말로 옥잠(玉簪), 즉 '옥으로 만든 비녀' 모양이다.

하얀 꽃이 줄지어 피는 미국자리공(8월 초).

비비추(7월).

정문 부근의
옥잠화 정원(8월 초).

귀여운 꽃을 단
털별꽃아재비(8월).

별꽃과 비슷한 별꽃아재비꽃도 한창이다. '아재비'는 비슷하지만 다르다는 뜻이다. 별꽃 무리와 달리 별꽃아재비는 국화과다. 봄에 피는 별꽃 종류보다 꽃이 작고, 꽃잎 모양의 5개 혀꽃이 얇게 갈라진다. 가녀린 줄기에 털이 만져지는 걸 보니 털별꽃아재비다. 두루 살펴보니 공원 곳곳에 의외로 많다.

이 꽃들이 있어서 더운 여름도 즐겁다.

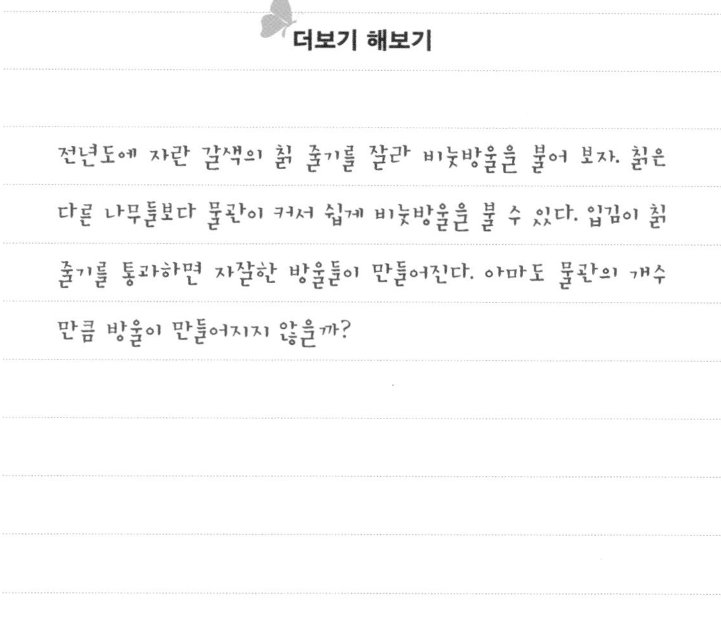

더보기 해보기

전년도에 자란 갈색의 칡 줄기를 잘라 비눗방울을 불어 보자. 칡은 다른 나무들보다 물관이 커서 쉽게 비눗방울을 불 수 있다. 입김이 칡 줄기를 통과하면 자잘한 방울들이 만들어진다. 아마도 물관의 개수만큼 방울이 만들어지지 않을까?

입추에서 추분까지

5장

8월 초순을 지나 9월 하순의 초입까지다. 여름은 한풀 꺾였으나 여전히 고온건조한 날씨가 이어진다. 해가 갈수록 더 그렇다. 하지만 해 길이의 변화는 자연의 철칙이다. 낮에는 덥더라도 아침저녁은 시원하다. 녹색의 전성기를 맞은 나무들은 열매 쪽으로 중심을 옮긴다. 매미와 새들이 마음껏 노래를 부르는 시기이기도 하다. 풀꽃의 전성기도 지금이다. 한마디로 백화제방(百花齊放)의 시기다.

백화제방 1

박주가리, 석잠풀, 층층이꽃, 택사, 까마중, 메꽃,

나팔꽃, 유홍초, 개망초, 망초

8월 중순이다. 열흘 전쯤에 비해 다른 꽃이 많이 눈에 띈다. 특히 풀꽃들이 예쁘다. 이즈음에 큰 산에 가면 정말 많은 풀꽃을 볼 수 있다. 여러 해 동안 가본 여름 산 중에 가장 기억에 남는 곳은 지리산 노고단이다. 축구장 몇 개는 될 만한 넓이의 능선 지역이 모두 꽃으로 덮여 있었다. 어느 산이든 식생을 관찰하려면 계곡으로 올라가는 게 좋다. 물이 부족하지 않아야 다양한 식물이 잘 자랄 수 있기 때문이다. 대개 산의 북쪽 사면이 남쪽 사면보다 식생이 풍부한 이유도 수분 양의 차이에 있다. 여름 산에 비할 바는 아니지만 효창공원의 풀꽃도 만만치 않다.

잎이 마주나는 덩굴인 박주가리가 갈수록 늘고 있다. 눈이 닿는 곳이면 어디에나 있다. 귀여운 꽃이 한창이다. 잎겨드랑이에서 꽃대가 나와 작고 연한 자주색 꽃이 뭉쳐 핀다. 많은 덩굴이 엉겨 있는 곳에서도 눈에 잘 띈다. 박주가리는 한때 가짜 소동으로 문제가 된 백하수오와 모양이 거의 같다. 박주가리 역시 어린잎과 줄기는 나물로 먹을 수 있다. 특정 식물을 특효약이라고 주장할 때는 일단 의심해 봐야 한다. 몸에 좋은 것과 약은 분명히 다르다.

석잠풀의 꽃도 보인다. 많지는 않지만 곳곳에 있다. 키가 30센티미터 정도라 눈높이를 낮춰서 봐야 한다. 이미 꽃이 져버려 눈에 잘 띄지 않는 층층이꽃과 비슷하면서도 좀 다르다. 둘 다 입술 모양의 연한 붉은색 꽃이 줄기 끝에 돌아가면서 달린다. 층층이꽃은 잎겨드랑이에 달려서 건물처럼 층을 이룬 듯이 보이는 반면, 석잠풀꽃은 줄기 위쪽에만 여러 층으로 달린다. 둘 다 꿀풀과여서 줄기는 네모로 각이 진다.

북문 부근 연못에 택사꽃이 한창이다. 하나하나가 볼 만하다. 질경이 모양의 잎이 뭉쳐 나 있는 한가운데에서 1미터는 됨직한 긴 꽃줄기가 솟아나 있다. 꽃줄기는 위에서 여러 개로 가지를 치고 가지마다 여러 개의 작고 흰 꽃이 달린다. 마치 잎과는 별개의 식물 같다. 공간을 균형 있게 채운 꽃줄기의 모양이 하나의 예술작품처럼 느껴진다. 택사는 유독성 식물이자 약재다. 독과 약은 원래 종이 한 장 차이 아닌가.

또 하나 반가운 손님이 있다. 까마중이다. 작고 하얀 꽃이 수줍게 달린다. 다른 가지과 식물처럼 잎이 부드러워 보이고 꽃이

박주가리(8월).

석잠풀(8월)과 층층이꽃(8월).

작다. 그래서 친근감이 든다. 이 시기에 이미 열매가 달리는 것도 있다. 아직은 녹색이지만 곧 까맣게 익을 것이다. 어릴 때 들에서 놀면서 까마중 열매를 맛있게 따 먹은 기억이 있다. 너무 많이 먹어서 입술이 푸르죽죽해지기도 했다. 나중에 알고 보니 까마중 열매는 독성이 있어 많이 먹는 것은 좋지 않다고 한다. 까마중의 어린잎은 나물로 먹는다.

나팔꽃 종류도 여기저기 있다. 말은 나팔꽃 종류라고 하지만 모두 메꽃과다. 실제로도 메꽃이 더 흔하다. 효창공원에서 나팔꽃이라고 생각한 꽃은 대부분 메꽃이라고 보면 된다. 메꽃은 잎이 화살촉 모양이다. 나팔꽃보다 작은 분홍색 꽃이 예쁘다. 메꽃 가운데 잎 아래 부분 양쪽이 갈라져 있는 것은 애기메꽃인데, 이 공원에는 애기메꽃의 개체 수도 적지 않다. 나팔꽃은 지름이 5~6센티미터로 얼른 봐도 메꽃보다 크다. 보통 나팔꽃의 잎은 둥글게 셋으로 갈라져 있다. 갈라진 조각이 5개이거나 깊게 갈라진 것은 미국나팔꽃이고, 잎이 하트 모양으로 둥근 것은 둥근잎나팔꽃이다. 둥근잎나팔꽃은 꽃 색깔이 다양하다. 분홍색뿐만 아니라 붉은색, 청색, 백색 꽃도 있다. 둥근잎나팔꽃과 잎 모양이 비슷하지만 잎 여러 곳에 각이 있는 것은 유홍초다. 유홍초는 분꽃과 비슷한 작고 붉은 꽃을 피운다. 잎 아래쪽에 각이 하나밖에 없는 것은 둥근잎유홍초다. 이 꽃들도 모두 효창공원에 있다. 언젠가 메꽃 식구들을 구별하게 됐을 때는 남들이

까마중(9월 말).

메꽃(6월 초)과 애기메꽃(8월 초).

둥근잎나팔꽃(8월).

개망초(8월)와 망초(8월).

모르는 새로운 세상에 들어간 듯했다. '산은 산이고 물은 물이다'라는 말처럼 꽃들은 항상 그 자리에 있지만 말이다.

개망초와 망초의 꽃도 한창이다. '망초'라고 하니 어감이 좋지 않지만 꽃을 보면 그렇지 않다. 6~7월에 피기 시작하는 개망초꽃은 계란꽃으로도 불린다. 흰 혀꽃 속에 노란 대롱꽃이 있는 모습이 달걀의 흰자와 노른자 같다. 줄기 끝에 달린 꽃에서, 꽃술처럼 보이는 가운데의 노란 부위가 대롱꽃이고, 꽃잎처럼 바깥으로 늘어진 부위가 혀꽃이다. 혀꽃과 대롱꽃은 하나하나가 다른 꽃이다. 많은 꽃이 모여서 하나의 꽃처럼 보이는 것이다. 꽃 냄새도 좋다. 부드러우면서 은은하다.

한 달쯤 늦게 피는 망초는 어지러울 정도로 가지가 많은 반면 꽃은 작아서 잘 알아보기 어렵다. 자세히 보면 꽃 모양이 개망초와 비슷하다. 두 망초는 생명력이 왕성해 그냥 두면 해마다 세력을 확장한다. 공원 북문과 서문 사이에 있는 풀밭은 여름에 두 망초의 천국이다. 이전에 도라지를 심었던 곳인데, 방치해 두자 두 망초가 점령했다. 특히 망초는 사람 키보다 더 큰 것도 많아서 나무처럼 보이기도 한다.

더보기 해보기

박주가리는 가을에 작은 수세미 모양의 열매가 열리고 그 속에 수천 개의 씨앗이 들어 있는 것으로 유명하다. 씨앗에 솜털이 달려 있어 입으로 불면 공간을 가득 채우며 날아간다. 열매의 터진 부분을 살짝 벌려서 입 가까이에 대고 훅 불면 된다. 솜털이 성능 좋은 낙하산 역할을 한다.

박주가리의 씨앗.

백화제방 2

송장풀, 도깨비바늘, 금불초, 금계국, 미국미역취, 벌개미취, 쑥부쟁이 

8월 하순에 들어섰다. 매일 새로운 풀꽃을 보는 즐거움이 있는 시기다. 그냥 지나치지 않고 눈여겨보는 인내심만 있으면 된다. 이름을 알면 좋겠지만 몰라도 괜찮다. 하지만 임시 이름이라도 붙여 구별해서 보면 새로운 매력이 드러나기 시작한다. 꽃은 자세히 볼수록 더 예쁘다.

석잠풀이 있던 자리여서 그런 줄 알았는데 꽃 모양이 다르다. 다가가서 보니 송장풀이다. 석잠풀과 층층이꽃, 송장풀은 모두 비슷하다. 무릎 정도 키에 붉은 색 계통의 꽃이 줄기 위쪽에 층을 이룬다. 이 공원에선 층층이꽃, 석잠풀, 송장풀 순서로 핀다. 꽃의 길이는 층층이꽃이 가장 짧고 송장풀, 석잠풀은 조금 더 길다. 입술 모양 꽃이 모두 예쁘다. 셋 다 꿀풀과여서 줄기에 각이 져 있다. 송장풀은 키가 약간 더 커서 익모초처럼 보이기도

송장풀(8월 말).

열매를 단 도깨비바늘(9월).

하지만, 익모초보다는 잎 폭이 더 넓다. 송장풀도 익모초처럼 약재로 쓰지만 약효는 못하다고 한다.

도깨비바늘도 곳곳에서 노란 꽃을 피운다. 꽃이 피지 않으면 거의 눈에 띄지 않는 풀이다. 별 특색이 없어서 그냥 잡풀처럼 보인다. 역시 무릎 정도의 키에 가지 끝에 작고 노란 대롱꽃이 하나씩 달린다. 대롱꽃 주위의 하얀 혀꽃은 하나도 있고 둘도 있고 셋도 있다. 그게 도깨비바늘의 특징이다. 도깨비바늘은 꽃이 핀 지 얼마 안 되어 달리는 열매 모양을 딴 이름이다. 바늘처럼 생긴 열매는 끝에 침이 있어 다른 물체에 잘 달라붙는다. 숲을 걷다 보면 바지에 가득 붙는 게 바로 도깨비바늘 열매다. 어릴 때는 하루 종일 들에서 놀다가 집으로 돌아와서 도깨비바늘 열매를 옷에서 떼어 내는 게 일이었다.

이 시기에 많이 보이는 환하고 예쁜 꽃이 있다. 꽃 모양은 개망초와 비슷하지만 색깔이 다르다. 혀꽃은 노란색이고 대롱꽃은 더 짙은 노란색이다. 혀꽃이 개망초보다 더 촘촘해 보인다. 금불초다. 키는 크지 않지만 풀밭 곳곳에 솟아나 있어 눈에 잘 띈다. 왜 '금' 자가 들어가는지 꽃을 보면 알 수 있다. 멀리서 봐도 반짝반짝 하는 느낌이 든다.

금불초와 닮았으면서 더 품격이 있는 꽃이 금계국이다. 금계국은 이 시기가 끝물이다. 공원에 많지는 않지만 하나하나가 돋보인다. 금계국은 각각의 혀꽃이 금불초보다 크다. 8개 정도의 폭넓은 혀꽃이 공간을 꽉 채운다. 대롱꽃의 색깔도 더 짙어서 황갈색 또는 암자색이다. 금계국꽃을 보면 '꽃이 이 정도는 돼야지' 하는 생각이 든다. 금불초꽃보다 좀더 수준이 높은 '금'이다.

미국미역취도 여름을 즐기고 있다. 미국미역취는 줄기 위쪽에 자잘한 노란색 꽃이 이삭처럼 뭉쳐서 달린다. 북문 왼쪽 길

금불초(8월 말).

금계국(8월).

미국미역취(8월).

초입과 정문 왼쪽에 모여 있다. '미국'이라는 말에서 알 수 있듯이 북미 원산의 여러해살이풀이다. 키가 상당히 커서 가슴 위까지 자란 것도 적잖다.

드디어 벌개미취의 꽃이 피기 시작한다. 벌개미취꽃은 국화 무리 가운데 가을 분위기를 풍기는 것으로는 가장 먼저 피는 축에 속한다. 혀꽃은 연한 자주색, 대롱꽃은 노란색이어서 노란색이 많은 다른 국화 무리 꽃과 구분이 된다. 잎이 갸름한 것이 특징이다. 공원 곳곳에서 벌개미취를 만날 수 있다.

쑥부쟁이꽃도 드문드문 보인다. 같은 국화과인 쑥부쟁이는 혀꽃이 연한 보라색이다. 국화 무리는 봄부터 꽃을 피우지만 이 무렵부터 더 눈에 띈다. 겨울이 올 때까지 풀꽃의 대세를 이룬다고 할 수 있다.

벌개미취(8월 말).

쑥부쟁이(8월 말).

더보기 해보기

송장풀은 이름과 달리 잎겨드랑이에 연홍색의 꽃이 돌려서 피는 매우 예쁜 꽃이다. 어디에도 송장(주검)의 흔적이 없다. 이 이름은 일제 강점기에 들어왔다는 설이 유력하다. 일본에서는 중양절 때 피면(被綿)의식을 한다. 국화에 솜을 덮어 이슬을 맞힌 뒤, 그 솜으로 몸을 깨끗이 하고 왕을 뵙는 의식이다. 국화에 솜을 덮은 이 모습과 닮았다고 하여 일본에서는 송장풀을 피면이라고 부른다. 이 말이 우리나라에 들어와 국화에 솜을 덮은 모양이라는 뜻의 '솜장풀'이 되었고, 송장풀로 변형되었다는 것이다. 일제의 잔재이므로 전통적인 이름인 개속단으로 돌아가는 게 좋을 것 같다. 개속단은 같은 꿀풀과 풀인 속단과 닮은 풀이라는 뜻이다.

백화제방 3

쥐꼬리망초, 토끼풀, 깨풀, 뽕모시풀

8월 말이다. 한낮에는 여전히 덥긴 하지만 공원에서 걷기 좋은 날씨다. 나무들은 짙은 녹색으로 뒤덮여 있다. 나무는 대개 여름에는 몸피를 키우지 않는다. 이미 달린 잎의 색깔이 더 짙어질 뿐 새 잎을 만드는 경우도 드물다. 물론 모든 나무가 잎 만들기를 중단하는 건 아니다. 가끔씩 옅은 색의 새 잎이 가지 끝에 달린 모습을 볼 수 있는데, 이를 하엽(여름잎)이라고 한다. 여름에 나무가 흡수하는 영양분은 열매와 눈 만들기에 주로 쓰이고, 영양분이 양쪽에 어떻게 배분될지는 날씨에 따라 달라진다. 여건이 좋으면 열매에, 좋지 않으면 눈에 집중하는 경향이 있다. 눈은 다음해의 성장, 결실과 연관되므로 올해 열매가 풍성하면 내년에는 그렇지 못할 가능성이 커진다. 해거리 현상이다. 하지만 공원의 나무들을 여러 해 동안 세심하게 관찰하지 않으면

이를 알아차리기가 쉽지 않다. 그보다 이 시기에는 하루가 새로운 풀꽃을 살펴보는 게 더 즐겁겠다.

이맘때쯤 피는 꽃들이 모습을 보이기 시작한다. 시기를 놓치면 잘 볼 수 없는 꽃들이다. 쥐꼬리망초는 이름부터 예쁘다. 종아리까지 오는 작은 키에 줄기가 가냘프고 마주나는 잎도 크지 않다. 눈에 띄는 것은 쪼그만 꽃이다. 가지 끝에 팥알보다 작은 자홍색 꽃이 핀다. 꽃봉오리는 많지만 꽃은 대개 2개를 넘지 않는다. 자기들끼리 순서를 정해 놓은 듯 1~2개씩 돌아가면서 핀다. '쥐꼬리'는 꽃 모양을 표현한다. '망초'라는 이름이 붙었지만 망초와 별로 닮지는 않았다. 공원 곳곳에 제법 많다. 대개 군락을 이루고 있다. 이즈음을 대표하는 풀꽃이라고 할 만하다.

괭이밥꽃도 새삼스럽게 눈에 띈다. 봄부터 피는 꽃이지만 지금이 전성기다. 토끼풀꽃도 많이 눈에 띈다. 토끼풀은 번식력이 강하다. 땅바닥을 기어 다니며 뿌리를 내리기 때문에 여럿으로 보이는 개체가 다 연결돼 있다. 아파트 단지의 잔디밭에 토끼풀이 번지는 모습을 볼 수 있다. 잔디보다 토끼풀이 더 힘이 센 것이다. 토끼풀은 의외로 우리나라의 전통적인 풀이 아니라 외국에서 온 귀화식물이다.

깨풀은 그냥 지나치기 쉽지만 자세히 보면 독특하다. 잎은 깻잎과 비슷하다. 평범해서 눈이 잘 가지 않는다. 하지만 꽃은 그렇지 않다. 잎 옆구리에 달린 작은 등잔받침 모양(또는 뒤집어

쥐꼬리망초(8월 말).

꽃이 한창인 토끼풀(8월 말).

진 삿갓 모양)의 총포 한가운데에 뭔가가 모여 있다. 들여다보면 보라색이다. 마치 귀중한 것을 잘 모신 듯하다. 이것이 암꽃이다. 이런 형태를 등잔모양 꽃차례라고 한다. 대극과 식물은 대개 이렇다. 수꽃은 별도의 꽃대에 이삭 모양으로 다닥다닥 달려 있다. 이것 또한 작아서 잘 봐야 한다. 깨풀은 잎을 자르면 멀건 액이 나온다. 공원 안에 그렇게 많지는 않다.

뽕모시풀의 꽃도 한창이다. 이미 열매가 달린 것도 상당히 있다. 둘 다 녹색이어서 꽃이나 열매 같지 않다. 뽕모시풀도 키가 무릎을 넘지 않는다. 잎 모양이 뽕나무 잎과 비슷하고 열매도 오디를 닮았다. 언뜻 보면 산뽕나무의 어린 싹인 것 같다. 줄기를 자르면 하얀 액이 나오는 것도 뽕나무와 비슷하다. 뽕나무

깨풀(9월 말).

녹색 꽃이 핀 뽕모시풀(8월 말).

처럼 뽕모시풀도 왠지 친근하다. 하지만 열매를 오디처럼 먹는다는 말은 들어 본 적이 없다. 뽕모시풀은 대개 깨풀과 함께 자란다. 살아가는 조건이 비슷하다는 이야기다. 둘 다 건조한 땅에서 잘 자란다. 이들이 많이 관찰되는 것은 가뭄이 심각하다는 뜻이다.

더보기 해보기

토끼풀 2개를 엮어 꽃팔찌를 만들어 보자. 꽃의 바로 밑줄기에 손톱 자국을 내어 뚫어서 다른 꽃을 끼운 뒤 손목에 둘러 묶으면 된다. 토끼풀꽃을 자세히 보면 하나하나가 독자적인 꽃인데 수정이 끝나면 접히는 모습을 볼 수 있다.

가을맞이 꽃

꽃무릇, 상사화, 꽃향유, 명아주, 노랑어리연꽃

9월 초순에서 중순으로 넘어가는 시기다. 한낮은 여전히 덥지만 아침저녁으로는 서늘하다. 하늘이 맑아 가을 기분이 난다. 매미 울음소리도 힘을 잃는다. 길고 시끄럽게 우는 것은 말매미인데, 이들은 기온이 높을 때 활발하게 소리를 낸다. 이 소리가 줄어들면 가을이 왔다고 할 수 있다.

여름까지는 보이지도 않다가 어느 날 갑자기 모습을 드러내는 풀꽃이 적잖다. 그러다가 한두 주일 뒤에 가보면 다른 풀에 자리를 내주고 보이지 않는다. 생명의 변화무쌍함이 느껴진다. 그러면서도 해마다 비슷한 시기에 모습을 드러낸다. 씨가 있는 것은 언젠가 줄기를 만들고 꽃을 피우기 마련이다. 식물의 이런 생명력이 있기에 동물과 사람도 존재할 수 있다.

북문 입구부터 강렬한 빨간색 꽃이 눈을 사로잡는다. 단연 이

꽃이 핀 꽃무릇의 화려한 모습(9월 중순).

상사화(8월).

시기의 주인공인 꽃무릇이다. 석산이라고도 한다. 길가에 가득한 맥문동 속에 녹색 꽃대들이 불쑥 솟아 있고, 그 끝에 화려한 꽃이 달려 있다. 여기저기 수십 그루는 된다. 꽃이 진 뒤에 잎이 나오는 게 특징이다. 꽃과 잎이 만나지 못하는 것이다. 그래서 사람들은 이 꽃을 과부꽃이라고 부르는데 그보다는 연인꽃이라고 하는 게 더 맞겠다.

이와 비슷한 꽃이 있다. 이름조차 상사화다. 상사화는 반대로 봄에 잎이 먼저 나서 진 다음에 꽃대가 올라와 꽃이 핀다. 상사화와 꽃무릇은 꽃 피는 시기가 달라 함께 있는 모습을 볼 수 없다. 이것조차 상사화라는 이름에 걸맞다. 입구에서 만난 꽃무릇 덕에 나무모임 참가자 모두 기분이 좋아진다.

꽃향유도 본격적으로 피기 시작한다. 아직 줄기는 무릎 아래로 키가 작다. 줄기 끝에 뭉쳐서 달리는 작은 꽃들이 귀엽다.

'향'이라는 말이 들어간 꽃답게 잎과 꽃의 향기가 강하다. 꿀풀과 꽃들은 대개 그렇다.

이삭 모양의 명아주꽃도 길게 올라온다. 잎과 비슷한 색이어서 눈에 잘 띄지는 않지만 꽃의 개체 수가 아주 많다. 명아주는 곳곳에 있다. 특히 북문에서 오른쪽으로 조금 떨어진 풀밭에 무리를 지어 자란다. 사람 키만 한 것도 여럿 있다. 명아주는 청려장 재료로 유명하다. 청려장은 명아주 줄기를 여러 차례 가공해 만드는 지팡이다. 가볍고 단단한 데다 품위까지 있다. 청려장은 통일신라 때부터 왕이 노인들에게 하사했다고 한다. 조선시대에는 50살이 된 아버지에게 자식이 바치는 청려장을 가장(家杖), 60살 노인에게 마을에서 주는 것을 향장(鄕杖), 70살이 됐을 때 나라에서 주는 것을 국장(國杖), 80살에 임금이 내리는 것을 조장(朝杖)이라고 했다. 아쉽게도 공원에 있는 명아주 가운데 지팡이 감은 없어 보인다. 줄기가 단단하긴 하지만 굵지도 곧지도 않다.

연못에 떠 있는 노랑어리연꽃은 전성기는 지났지만 여전히 보기가 좋다. 샛노란 색이 강렬하다. 여름이 가는 것을 아쉬워하는 듯하다. 노랑어리연꽃은 잎과 꽃이 모두 연꽃을 축소해 놓은 듯한 모양이다. 크지 않은 연못에 잘 어울린다.

공원 한가운데에 있는 쉼터에 함께 둘러앉아 캔 커피를 마시며 한결 시원해진 바람을 즐긴다. 은행나무 열매가 곳곳에 떨

꽃향유(9월 중순).

명아주(9월 중순).

노랑어리연꽃(9월 중순).

어져 있다. 과거 중학교 추첨을 할 때 은행 알이 든 통을 손으로 돌리면 숫자가 적힌 알이 하나 떨어지던 기억이 난다. 당시 은행 알은 '운'을 상징했다. 그 은행 알을 모으려면 냄새가 나는 열매를 일일이 까야 한다.

은행나무는 병충해에 강하고 보기도 괜찮아 가로수로 좋지만 열매에서 그런 역한 냄새가 나는 것이 흠이다. 열매를 맺지 않는 수나무만 가로수로 심었으면 좋았겠지만 묘목 상태에서 은행나무의 암수를 구별하는 확실한 방법이 없었다[요즈음은 DNA로 구분하는 방법이 개발됐다고 한다]. 암나무 가지가 수나무보다 옆으로 더 퍼져 있다고 하지만 맞을 확률은 60퍼센트 정도다. 단지(짧은 가지)가 길면 암나무, 없거나 짧으면 수나무라고도 하지만 그 기준이 애매하다. 그래서 봄에 꽃을 봐야 확실히 알 수 있다. 꼬리 모양의 노란 꽃이 달리는 것은 수나무이고, 꽃이 작기 때문에 잘 보이지 않는 것은 암나무다. 씨앗도 암수가 다르다. 암나무가 될 씨앗은 굵고 둥글지만 수나무 씨앗은 작고 길다. 이 공원 곳곳에 있는 은행나무는 대부분 수나무다.

가을의 정취가 느껴진다.

더보기 해보기

꽃향유는 꽃이삭에 진한 보라색 꽃이 피고, 모습이 유사한 향유는 연한 보라색 꽃이 핀다. 이 꽃들은 한쪽 방향만 보고 핀다. 꽃이삭이 마치 브러쉬처럼 원통을 반으로 쪼개 놓은 형태를 이루는 것이다. 뿌리를 뽑아 보면 신기하게도 뿌리조차 꽃이 핀 방향으로만 뻗어 있다. 이들과 닮은 배초향이 사방으로 꽃을 피우는 것과 대조된다.

추분에서 입동까지

6장

9월 말부터 11월 초에 이르는 이 시기는 열매의 계절이자 단풍과 낙엽의 계절이기도 하다. 열매와 낙엽은 결실과 조락이라는 상반된 이미지를 풍긴다. 삶과 죽음이 한데 엉겨 있듯이, 떨어진 낙엽 속에는 새 생명의 원천인 열매가 숨어 있다. 항상 좋은 일만, 항상 나쁜 일만 일어날 수 없는 것처럼 자연의 순환 속에서 우리는 삶의 담담함을 배운다.

단풍은 날씨가 맑고 밤낮의 온도 차이가 적당해야 색이 곱다. 그래야 여러 색소가 잘 만들어져 조화롭게 결합한다. 나무는 햇볕과 수분이 부족해지면 잎자루와 줄기 사이에 코르크 같은 세포층인 떨켜를 만들어 잎과의 이별을 준비한다. 이것이 자연의 섭리다. 하지만 가뭄이 계속되면 이별 준비가 끝나기도 전에 수분 부족으로 잎이 그대로 말라 버린다. 그래도 가을은 아름답다. 나무의 애타는 마음을 이해할 수 있다면 더 아름다울 것이다.

내가 없으면 가을도 !

단풍나무 무리와 여러 단풍

단풍이라는 말이 단풍나무에서 왔듯이 단풍나무 종류는 단풍이 예쁘다. 이는 단풍나무의 왕성한 생명력을 반영한다. 단풍에서 색깔의 차이를 결정하는 것은 색소다. 잎의 광합성을 돕고 자외선을 억제하는 색소인 카로티노이드는 어느 식물에나 다 있다. 가을에 엽록소 활동이 줄어들면 이 색소가 발현해 잎이 노란색으로 된다. 자주색 쪽은 안토시아닌 색소가 담당한다. 이 색소는 탄수화물이 분해되면서 만들어진다. 활동이 왕성한 식물일수록 자주색이나 붉은색 단풍이 들 확률이 높아진다.

단풍나무 무리는 대개 다른 나무보다 일찍 한 해를 시작한다. 이 공원에는 없지만 단풍나무 무리에 속하는 고로쇠나무의 수액은 2월 초부터 본격적으로 채취한다. 앞서 말했듯이 은단풍도 일찍 꽃을 피우고 가을에 노란색이나 붉은색의 단풍을 만든

단풍이 들기 전의 은단풍잎(7월).

이때도 뒷면은 희다.

다. 손바닥처럼 깊게 갈라진 큰 잎이 보기가 좋다. 떨어진 은단풍 잎은 뒤쪽도 보기 좋다. 은회색 털이 밀집해 있어 눈에 확 들어온다. 말 그대로 '은'단풍이다.

은단풍만큼이나 독특한 나무가 네군도단풍이다. 서울 노인회 건물 부근에 여러 그루가 있다. 단풍나무 잎은 대부분 2개씩 마주난다. 그런데 네군도단풍은 3~7개의 작은 잎을 단 겹잎이 마주난다. 작은 잎의 모양도 여러 가지다. 게다가 단풍잎 특유의 별 모양이 아니어서 단풍나무 같지가 않다. 열매는 다른 단풍나무와 비슷하지만 꽃은 특이하다. 암수딴그루인데, 수꽃은 봄에 수염처럼 뭉쳐서 아래로 길게 늘어진다. 끝부분에 꽃술이 달려 있어 녹색 귀걸이 같다. 암꽃은 작아서 잘 보이지도 않는

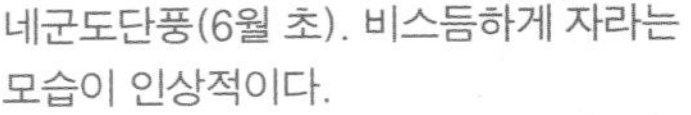

네군도단풍(6월 초). 비스듬하게 자라는 모습이 인상적이다.

네군도단풍 수꽃차례(4월). 실처럼 길다.

다. 이 공원에 있는 네군도단풍은 큰 줄기가 모두 한쪽으로 기울어져 있는 모습이 특징적이다. 햇빛을 따라 몸을 숙인 듯하다. 네군도단풍 역시 가을에 빨갛게 단풍이 든다.

단풍나무는 과의 이름이자 종의 이름이다. 아무 수식어가 없는 그냥 단풍나무는 공원 이곳저곳에 많다. 잎이 5~7개로 갈라진 게 단풍나무다. 9개나 11개로 갈라진 건 당(설탕)단풍나무다. 이 공원에서는 보이지 않는다. 단풍나무는 줄기가 매끈한 편이어서 품격이 있다. 단풍나무는 증산작용을 왕성하게 한다. 모든 나무는 산소를 태워 에너지를 얻고 이산화탄소를 내보내는 호흡을 한다. 그러면서 수증기를 함께 바깥으로 내보내는데, 이것이 증산이다. 증산작용은 숲의 공기를 쾌적하게 하고 대기의 온도를 조절한다. 단풍나무가 많은 숲일수록 기분이 좋아진

노란색에 가까운 갈색으로 물든 상수리나무(10월).

열매를 단 단풍나무(6월 초).

가을이 깊어 가는 효창공원(10월 말).

노란색의 생강나무 잎(10월).

다고 보면 된다.

단풍나무 외에 단풍이 예쁜 대표적인 나무로 은행나무가 있다. 노란 은행잎이 바닥에 가득 깔리면 가을이 깊어졌다는 뜻이다. 아카시나무, 회화나무, 칡, 등나무 등 콩과 나무들의 잎도 노란색으로 물든다. 산뽕나무, 오동나무, 쥐똥나무, 수수꽃다리,

목련, 때죽나무 등도 노란색 단풍이다. 효창공원에 멋있는 나무가 여러 그루 있는 상수리나무와 갈참나무 등 참나무 종류와 느티나무의 단풍도 노란색에 가까운 갈색이다. 잘 살펴보면 붉은 단풍보다 노란 단풍이 더 흔한 것을 알 수 있다.

강렬한 것은 역시 붉은색 단풍이다. 특히 눈에 띄는 나무는 화살나무다. 가장 먼저, 가장 짙게 파스텔 톤으로 물이 들어 보기가 좋다. 벚나무의 단풍도 붉은 편이지만 다른 나무보다 색깔이 다양하다.

꽃보다 더 아름다운 게 우리나라의 단풍이다.

더보기 해보기

떨어진 나뭇잎을 모아 색상환을 만들어 보자. 색깔이 변하는 차례로 둥그렇게 늘어놓으면 아이들의 색 구분에 도움이 되고, 다 만든 다음에는 그 안에 얼굴을 그리며 놀 수 있다.

내가 없으면 가을도 2

국화과

미국쑥부쟁이, 코스모스, 가막사리, 쑥, 서양등골나물, 구절초, 산국

국화과 풀의 꽃은 봄부터 가을까지 계속 볼 수 있다. 하지만 국화가 없으면 가을이 아니다. 봄꽃이 지고 난 뒤부터 살펴보자. 앞서 보았듯 한창 더울 때 꽃 피는 개망초와 망초가 있고, 도깨비바늘, 금계국, 금불초 또한 국화과에 속한다. 그다음 미국미역취와 벌개미취, 쑥부쟁이의 꽃이 피면서 '국화의 계절'을 연다.

9월이 되면 미국쑥부쟁이와 코스모스가 꽃을 피운다. 곳곳에서 볼 수 있는 미국쑥부쟁이꽃은 크기와 모양이 개망초와 아주 닮았다. 자세히 보면 개망초 혀꽃은 하나하나가 실처럼 가늘고 부드러운 반면 미국쑥부쟁이는 혀꽃의 가운데가 좀 도톰하고 윤기가 있어 격조가 느껴진다. 보면 볼수록 기분이 좋은 꽃이다. '미국'이 들어간 식물 중에서 드물게 몸체와 꽃 크기가 작다.

코스모스는 한때 가을을 대표하는 꽃으로 꼽혔다. 요즘은 다

미국쑥부쟁이(9월). 꽃이 작다.

른 계절에도 꽃을 볼 수 있어 그렇지가 못하다. 코스모스(우주)는 카오스(혼돈)에 맞서는 말이다. 코스모스가 그만큼 우주 질서를 대표하는지는 모르겠으나, 군락을 지어서 시야를 가득 채울 때는 그런 것 같기도 하다. 대룡꽃을 자세히 들여다보면 신기하다. 바깥쪽부터 꽃술이 올라오는데, 모두 암술머리가 별 모양처럼 5개로 갈라져 있다. 꽃마다 별을 가득 담고 있는 것이다. 그래서 코스모스인가보다.

연이어 가막사리와 쑥꽃이 핀다. 가막사리 종류는 몸체와 꽃 모양이 도깨비바늘과 비슷한데, 열매가 도깨비바늘처럼 두드러지지는 않는다. 가막사리 가운데 줄기가 자주색인 것은 미국가막사리다.

쑥꽃은 작고 눈에 잘 띄지 않지만 곳곳에 의외로 많다. 키가 사람 허리 이상인 개체도 적지 않다. 쑥은 조건이 맞으면 말 그

코스모스꽃(9월). 대롱꽃의 바깥쪽부터 피기 시작한 작은 꽃의 암술머리가 별 모양이다.

대로 쑥쑥 자란다. 꽃이 피기 전의 쑥잎은 결각이 심해 국화 종류와 비슷하게 보인다. 이때는 잎을 뒤집어 보면 된다. 잎 뒤쪽이 회색이면 쑥이다. 또 쑥잎은 씹어 보면 껌처럼 질기다.

서양등골나물도 이때쯤 꽃을 피운다. 북미가 원산인 귀화식물로, 번식력이 좋아 위해식물로 지정돼 있다. 효창공원에서도 해마다 세력을 넓히는 중이다. 하지만 꽃은 예쁘다. 가지 끝에 모여서 피는 작고 흰 꽃은 마치 공예품같이 느껴진다. 서양등골나물은 꽃이 없으면 전체 모양이 들깨와 비슷하다. 물론 깻잎 냄새는 나지 않는다.

가을이 한창인 10월에는 어떤 꽃이 국화과 식물을 대표할까? 바로 구절초와 산국이다. 구절초는 중양절인 음력 9월 9일에 채취해 약으로 썼다고 해서 그런 이름이 붙었다. 들에서 피는 국

꽃을 한창 피운 쑥(9월 말).

서양등골나물(10월).

화를 모두 들국화라고 하지만 구절초만을 지칭하기도 한다. 들국화의 대표가 구절초인 셈이다. 구절초를 살펴보면 그럴 만하다는 생각이 든다. 흰 혀꽃 속에 노란 대롱꽃이 있는데, 혀꽃에서 자르르 윤기가 느껴진다. 향기도 진하다. 무리를 지어 핀 곳을 지나가면 향기가 몸을 감싼다. 반갑게도 구절초는 공원 곳곳에 있다.

산국은 작고 노란 꽃이 피는 국화다. 감국꽃도 비슷해 헷갈리기 쉽다. 대체로 꽃의 크기가 50원짜리 동전 정도면 산국이고, 100원짜리만큼 크면 감국이라고 보면 된다. 도시 주변에서 흔히 보는 것은 산국이지만 이 공원에는 드문드문 있을 뿐이다. 중부지방에서 감국은 바닷가가 아니면 만나기가 쉽지 않다.

그냥 국화는 이 공원에서 잘 보이지 않는다. 국화는 사람이 만든 원예종이다. 다른 국화 종류가 많으므로 실망할 이유가 없다.

구절초(10월).

산국(10월).

감국(10월).

더보기 해보기

산국과 감국은 국화차를 만드는 데 쓰인다. 꽃잎을 따서 맛을 비교해 보자. 산국은 약간 쓴 맛이 나는 데 비해 감국에는 달콤한 맛이 섞여 있는 것을 알 수 있다. 두고두고 차를 마시려면 꽃잎을 잘 말려야 한다.

가을의 열매

감나무, 고욤나무, 밤나무, 도토리나무, 은행나무

가을은 결실의 계절이다. '실'은 열매를 말한다. 열매와 씨앗은 다르지만 흔히 구별하지 않고 쓰기도 한다. 열매 속에 든 씨앗이 새로운 생명을 만들어 낸다. 가을을 대표하는 열매들을 꼽아 보자.

감나무는 예전에 집집마다 한두 그루씩 심었다. 효창공원 부근에도 감나무가 있는 단독주택이 많다. 감나무는 대추나무처럼 나무껍질이 작게 갈라진다. 열매뿐만 아니라 봄에 피는 꽃도 맛있고 목재로도 훌륭하다. 흙을 단단하게 잡아 주는 역할까지 해, 비가 많이 와서 사태가 나더라도 감나무 주변은 대체로 안전하다.

고욤나무는 감나무의 축소판이라고 보면 된다. 꽃도 열매도 감나무와 비슷하면서 작고 껍질도 더 잘게 갈라진다. 하지만 키는 대개 고욤나무가 더 크다. 맛도 고욤이 감보다 더 달다. 어릴 때 겨울에 시골의 친척 집에 가면, 할머니들이 고욤을 항아리에

겨울에 달려 있는 감은 새들의 좋은 먹잇감이다(12월).

열매가 들어차기 시작한 감나무(5월 말).

감나무 잎보다 약간 길쭉한 고욤나무 잎(7월 초).

넣어 뒀다가 몇 숟가락씩 주곤 했다. 사탕보다 더 맛있는 군것질거리였다.

고욤나무는 감나무보다 훨씬 더 잘 자란다. 그래서 감나무를 고욤나무에 접붙여서 키운다. 감의 크기와 맛을 고욤나무의 성장력과 결합시키는 것이다. 이렇게 키운 감의 씨를 그냥 땅에 심으면 감이 제대로 나오지 않는다. 크기가 훨씬 작은 조야한 감이 열린다. 어미 나무였던 고욤으로 돌아가려는 본능이 발현되는 것인지도 모르겠다.

감나무는 효창공원에 손으로 꼽을 정도로 있는 반면 고욤나무는 곳곳에서 자란다. 어린 나무가 많은 것을 보면 스스로 번식한 듯하다. 서울 노인회 건물 앞에 있는 것이 키가 크고 열매도 많이 달린다. 부근에는 감나무도 몇 그루 있어 비교해서 볼 수 있다. 어린 고욤나무는 가지가 층을 지어 뻗기 때문에 겨울에 좀 떨어져서 보면 층층나무와 닮았지만, 잎 모양은 확연히 다르다. 고욤나무 잎은 감나무 잎을 약간 길쭉하게 늘여 놓은 모양이다. 감나무는 모두 사람이 심은 것인 반면, 고욤나무는 산에 가도 많다.

감나무-고욤나무와 비슷한 관계가 귤나무-탱자나무에도 적용된다. 귤나무는 모두 어릴 때 탱자나무에 접붙여서 키운다. 그래야 잘 자라고 좋은 열매가 많이 달린다. '강남의 귤이 강북에 가면 탱자가 된다'라는 말이 있다. 말 그대로 해석하면 앞뒤가 맞지 않는다. 심는 곳에 따라 종이 바뀌는 경우는 없기 때문이다. 아마 따뜻한 중국 강남지역에서는 접붙이기가 잘 되지만 추운 강북지역에서는 잘 안 된다는 뜻일 법하다. 귤나무와 탱자나무는 공원에 없다. 일부러 심더라도 추워서 잘 자라지 못할 것이다.

'가을의 열매'로 또한 꼽을 만한 게 밤과 도토리다. 밤은 영양분이 풍부해 관혼상제 때 감, 대추와 함께 상에 올리는 3대 과일 가운데 하나다. 사과 같은 과일과 달리 밤 껍질 안의 먹는 부분은 과육이 아니라 그 자체가 씨다. 싹 틀 때 껍질이 오랫동안 썩지 않고 남는 점도 다른 나무의 열매와 차이가 난다. 자신의 근본을 잊지 않는 나무라고 제사상에 올렸다는 이야기가 여기서 나온다.* 효창공원의 참나무 종류에는 도토리가 많이 달리지 않는다. 꽃은 상당히 많이 피는데 왜 그런지 궁금하다.

공원에 다람쥐와 청서가 심심찮게 보인다. 흔히 청서를 청설모라고 하는데, 정확하게 말하자면 청설모는 청서의 털을 지칭한다. 참나무 무리와 밤나무가 없다면 이들도 살아가기가 쉽지 않을 것이다. 거꾸로 이들이 없다면 도토리와 밤은 새싹을 내기가 쉽지 않다. 이들이 땅에 묻어 두고 잊어버린 도토리와 밤은 생존에 유리한 기회를 갖기 때문이다.

공원의 동물 가운데 최강자는 이들이 아니라 고양이다. 다람쥐가 꼼짝없이 고양이에게 잡히는 모습을 목격한 적이 있다. 크

겨울 밤나무(1월).

도토리를 달고 있는 상수리나무(9월).

기가 비슷한 두 동물이 마주보는데, 한쪽은 당당한 반면 다른 쪽은 꼼짝 못하며 벌벌 떤다. 다람쥐가 아무리 날쌔도 역시 고양이 앞의 쥐인 모양이다.

은행나무 열매는 악취로 유명하지만 맛있고 영양가도 높다. 그래서 과거 은행나무는 농가의 소득을 올려 주는 효자나무였다. 공자의 위패를 모신 사당인 문묘나 학교인 향교의 뜰에도 은행나무를 심었다. 이는 공자가 은행나무 아래에서 제자들을 가르쳤다는 행단(杏壇)에서 유래한다. 하지만 '행'은 은행나무가 아니라 살구나무라는 게 정설이다. 우리나라에서 왜 은행나무로 바뀌었는지는 알 길이 없다.** 은행나무의 수익성이 고려됐음직도 하다. 실제로 은행 열매를 팔아서 시설의 비용을 댔다는 기록이 있다.

우리나라에서 가장 유명한 은행나무는 경기도 양평의 용문사에 있다. 신라 마지막 왕인 경순왕의 아들 마의태자가 꽂은 지팡이가 그 기원이라는데, 키가 40미터가 넘을 정도로 웅장하다. 우리나라 나무 가운데 가장 크다고 한다. 은행나무는 고생대 말부터 있었던 이른바 '살아 있는 화석나무'다. 당시의 다른 나무들은 화석으로 발견되지만 은행나무는 모습이 별로 바뀌지 않은 채 지금까지 내려왔다. 그 생명력을 짐작할 수 있다. 소나무와 전나무는 그보다 1억 년 이상 뒤인 중생대 백악기에 나타났다.

더보기 해보기

밤송이 속에는 대개 세 알의 밤톨이 들어 있다. 그중 하나는 잘 자라지 못해 밤 깍지가 된다. 이 밤 깍지에 이쑤시개를 끼우면 훌륭한 장난감 숟가락을 만들 수 있다.

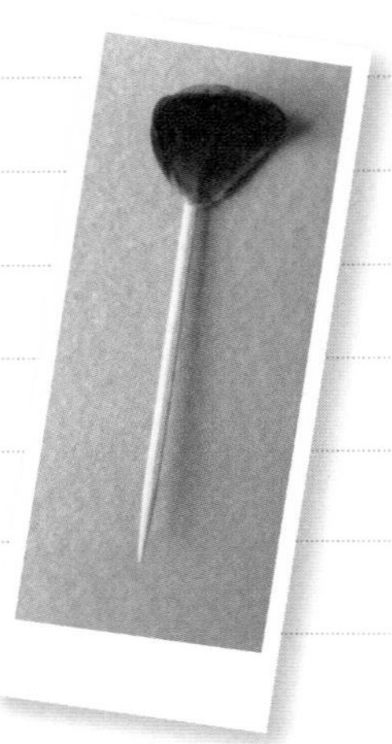

---

* 박상진(2009).《우리 문화재 나무 답사기》, 57~60쪽.

** 김종원(2013).《한국식물생태보감》, 124~125쪽, 173쪽.

입동에서 동지까지

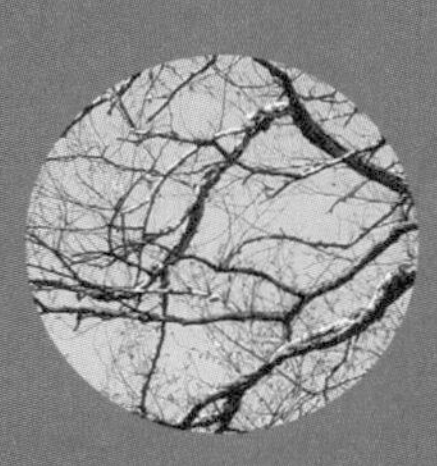

7장

11월 초순부터 12월 하순의 초입까지다. 낙엽도 대개 떨어지고 나무들이 본래의 모습을 과시하는 시기다. 이 시기 이후 봄이 올 때까지 별로 볼 게 없다고 생각할지 모르지만 실제로는 그렇지가 않다. 수종에 따른 차이는 있지만 형태만 달리할 뿐 식물들은 여전히 생명력을 분출한다. 어려운 시기에도 매력을 보여주는 나무일수록 값지다. 생존주기가 짧은 대부분의 풀은 동면에 들어간다.

진짜 나무

참나무 무리와 밤나무

참나무는 진짜 나무라고 해서 참나무다. 소나무가 대우받던 조선시대 백성들의 마음이 이 말에 담겨 있다. 소나무가 귀족나무라면 참나무는 서민나무다. 실제로 참나무는 쓸모가 많다. 단단해서 목재로 좋고 숯도 고급이다. 열매인 도토리는 훌륭한 먹거리가 된다. 숲속 생물에게도 참나무는 삶의 터전이다. 죽은 참나무의 속을 들여다보면 온갖 벌레가 더불어 사는 모습을 볼 수 있다. 이들은 참나무가 흔적도 없이 사라질 때까지 거기에서 살아간다. 숲속 생물들에게도 버릴 게 없는 나무가 참나무인 것이다. 반면 소나무에 기대는 벌레는 몇 안 된다.

참나무와 소나무는 예나 지금이나 우리나라 숲에서 가장 넓은 면적을 차지한다. 참나무는 약 1만 년 전의 후빙기에 온난화가 더욱 진행되면서 세력을 크게 확장했다. 그 뒤 4천 년 전 즈

음부터 참나무 숲에 소나무가 많이 들어오기 시작해 소나무 숲의 면적이 급격히 증가했다. 소나무는 이후 우리나라 숲에서 우위를 유지했다. 그 배경에는 인류의 자연림 파괴와 농경이 있는 것으로 보인다. 예를 들어 조선시대에는 활엽수를 잡목으로 보고 녹비와 연료를 계속 채취했기 때문에 소나무가 개체수를 늘리기에 유리했다.

하지만 1970년대 이후 입산금지 조치 등으로 사람의 간섭이 크게 줄면서 소나무에서 참나무로 기본 수종이 바뀌고 있다.* 최근에는 참나무 숲의 면적이 소나무를 앞선 것으로 집계됐다. 앞으로는 이런 추세가 더 뚜렷해질 것이다. 참나무 종류는 겨울눈의 활동이 활발해 뿌리 부근에서 여러 개의 큰 줄기가 함께 자라는 것을 쉽게 볼 수 있다. 새로운 나무가 지면 위로 올라와 줄기를 만드는 초기에 여러 눈이 동시에 새 줄기를 만들어 낸 것이다. 산불이 난 지역에서 가장 먼저 숲을 형성하는 것도 참나무다.

참나무의 기본 수종은 6가지다. 이른바 '참나무 육형제'다. 신갈나무, 떡갈나무, 졸참나무, 갈참나무, 굴참나무, 상수리나무가 그것이다. 순서대로 둘씩 묶어서 기억하면 좋다. 여기에 상수리나무와 비슷하게 보이는 밤나무를 끼워 넣을 수 있다. 밤나무도 참나무과에 속한다.

참나무 무리를 구별하는 것은 생각보다 어렵지 않다. 우선 신

새 잎을 내기 시작하는 갈참나무(4월 초).

갈나무와 떡갈나무는 잎이 가지에 딱 붙어 있는 반면, 졸참나무와 갈참나무는 2~3센티미터 정도의 잎자루가 있다. 잎이 넓적한 편인 다른 나무들과 달리 굴참나무와 상수리나무는 잎이 길쭉해서 쉽게 알 수 있다. 또 떡갈나무와 굴참나무는 잎 뒤쪽에 하얀 털이 있으나 신갈나무와 졸참나무는 그렇지 않다. 잎이 거의 떨어진 뒤에도 차이점을 발견할 수 있다. 신갈나무와 졸참나무는 줄기의 껍질에 다리미로 다려 놓은 듯한 매끈한 부분이 있다. 나이 든 사람은 이를 인두 자국이라고 한다. 반면 떡갈나무와 갈참나무는 대부분 줄기 빛깔이 어둡다. 산에서 햇빛이 비칠 때 보면 신갈나무와 졸참나무 줄기에서는 반짝이는 부분이 있는 반면, 떡갈나무와 갈참나무는 대개 그런 부위가 없다. 굴참나무는 유독 줄기에 코르크가 두껍게 발달해 있다. 강원도 산

간지역에 남아 있는 굴피집은 굴피나무가 아니라 굴참나무의 껍질로 만든 집이다. 도토리의 모양도 육형제가 조금씩 다른 모습이다. 상수리나 굴참, 떡갈나무는 도토리를 싸고 있는 받침인 각두에 털이 있지만 갈참, 졸참, 신갈나무의 각두는 미끈하다.

효창공원에는 멋있는 갈참나무, 상수리나무, 밤나무가 여럿씩 있다. 한여름에는 잎이 무성해 공원 전체의 모양을 만들어 주는 데 큰 구실을 한다. 갈참나무는 북문 부근에 있는 몇 그루가 가장 볼 만하다. '이런 게 나무구나'라고 할 정도로 위엄이 느껴진다. 상수리나무도 여러 곳에서 훤칠한 모습을 자랑한다. 이 공원에서 가장 키가 큰 나무로 손꼽힌다. 신갈나무는 우리나라 산에서 참나무 무리 가운데 가장 많지만 이 공원에는 거의 없다.

늦여름부터 초가을에 참나무 아래를 가다 보면 가지가 칼로 벤 듯이 잘려서 땅에 떨어져 있는 것을 볼 수 있다. 도토리거위벌레의 짓이다. 이 벌레는 막 생긴 도토리에 알을 낳은 뒤 가지를 잘라 떨어뜨린다. 알을 깐 애벌레는 도토리를 먹으며 자라다가 도토리 속에서 나와 땅으로 들어간다. 이후 다음해 봄에 참나무 위로 올라가 같은 행동을 한다. 여느 해와 달리 도토리거위벌레가 극성이라면 가뭄과 관련이 있는 것이 아닐까 싶다.

밤나무는 언뜻 보면 상수리나무와 거의 구분이 되지 않는다. 열매도 초기에는 둘이 비슷하다. 구별하는 포인트 가운데 가장

전체 모양이 보기 좋은
갈참나무 고목(3월 초).

수피가 잘게 쪼개지는 상수리나무(11월).

쉬운 것은 줄기의 껍질 모양이다. 상수리나무는 나이가 들면서 잘게 쪼개지는 반면, 밤나무는 아래로 길게 홈이 생긴다. 또 상수리나무와 달리 밤나무 껍질에는 윤기가 있다. 반짝거릴 정도는 아니더라도 매끈한 느낌을 준다. 밤나무는 동문 광장 아래쪽에 있는 것이 멋있다. 밤꽃이 피는 5~6월이 되면 꽃 냄새가 주위에 짙게 풍긴다. 흔히 정액 냄새라고 하는데, 여성들이 이 냄새에 끌린다는 실험 결과도 있다. 누렇게 위로 치솟는 꽃 모양도 힘이 있다.

밤나무는 사람과 가깝다. 예로부터 마을에는 꼭 밤나무가 있었다. 지금도 산에 오래된 밤나무가 있다면 부근에 사람이 살았

무성한 밤나무 잎과 달리기 시작한 열매(7월 중순).

다고 보면 된다. 하지만 천연기념물 문화재로 지정된 것은 강원도 평창군 운교리의 옛 운교역 밤나무뿐이다. 밤나무혹벌이 번져 재래종 밤나무 고목이 거의 없어져 버렸기 때문이다. 효창공원의 밤나무에도 밤나무혹벌의 벌레혹이 적잖게 달려 있다. 이 벌레혹은 거의 모든 밤나무에서 볼 수 있어, 겨울에 밤나무를 가려내는 식별 포인트가 되기도 한다.

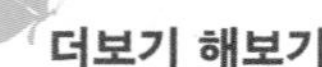

더보기 해보기

상수리나무 잎이나 은행나무 잎으로 여러 동물 모양을 만들 수 있다. 상수리잎은 잎의 좌우 가장자리에서, 은행잎은 위쪽에서 잎 중앙 쪽으로 적당히 잘라 접은 뒤 잎자루를 꽂으면 된다. 자유롭게 창의력을 발휘해 보자.

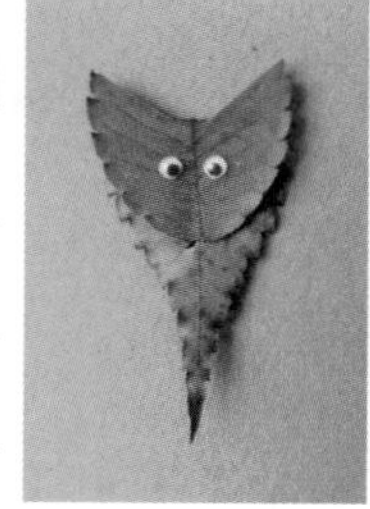

느티잎

상수리잎

은행잎

* 탁광일 · 전영우 외 21명(2005).《숲이 희망이다》, 81~83쪽.

항상 든든한 나무

느티나무, 팽나무, 비술나무

언제 봐도 든든한 나무가 있다. 바로 느티나무다. 느티나무는 우리나라를 대표하는 나무 가운데 하나다. 이 공원에서도 마찬가지다. 곳곳에서 1년 내내 '모든 나무의 맏형'으로서 기준점 구실을 한다. 특히 동서남북 문 부근에 있는 느티나무는 공원 전체의 틀을 잡아 준다고 할 수 있다.

느티나무는 재질이 단단하고 병충해에도 강하다. 나무 모양이 좋고 그늘도 풍부하다. 게다가 오래 산다. 1천 년 이상 사는 것으로 알려져 있다. 그만큼 장수하는 나무가 아니라면 예전 마을 어귀에 그렇게 많이 심지 않았을 것이다. 고려 때까지는 소나무보다 느티나무가 더 많았다는 설도 있다. 전국에서 1만 4천 그루 안팎에 이르는 보호수 가운데서도 느티나무가 절반 이상을 차지한다. 느티나무는 버드나무와 함께 귀신이 좋아하는 나무

단풍이 든 느티나무(11월).

느티나무 잎과 작은 열매(11월).

느티나무의 수피 모습.

로 꼽혀 당산목으로도 애용됐다. 반대로 귀신이 싫어하는 것으로 알려진 나무로는 음나무, 복사나무, 산사나무, 무환자나무 등이 있다.

북문 부근에서 출발하면 항상 느티나무를 확인한다. 이곳에만 스무 그루 정도가 모여 있다. 그 한가운데의 나무의자에 앉아 주위를 둘러보면 마음이 맑아진다. 느티나무는 줄기 껍질이 곳곳에서 흰 빛을 띠면서 벗겨지는 것으로 쉽게 구별할 수 있다. 그래도 헷갈리면 잎을 보면 된다. 잎 가장자리의 톱니가 이빨 모양으로 큼직하다. 잎은 어긋나게 달리고 촉감이 좀 거칠다. 느티나무 꽃은 봄에 피지만 크기가 작은 데다 높은 나뭇가지 위에 달려서 알아보기가 쉽지 않다. 가을에 열리는 열매도 마찬가지다. 굳이 꽃과 열매를 찾으려 하지 말고 나무 전체의 모습에 익숙해지는 게 현명하다. 느티나무는 가뭄이 계속돼도 가지가 말라 죽거나 하는 경우를 보지 못했다. 역시 믿음직스럽다.

공원 한가운데에 오래된 느티나무가 두 그루 있었는데, 2015년 가을에 잘라 버려서 밑동만 남았다. 피소 현상이 있어서 갈 때마다 살펴보던 나무여서 섭섭했다. 피소는 나무의 껍질이 세로로 갈라져 속살이 드러나는 현상이다. 뜨거운 태양열을 받아 껍질이 부풀어 있다가 저녁에 기온이 내려가 빠르게 수축되면서 세로로 찢어지는 것이다. 우리나라에서 피소 현상은 대개 늦게까지 햇볕을 받는 나무의 남서쪽에 나타난다. 이 나무도 그랬다. 나무 밑동의 나이테 역시 남서쪽이 간격이 넓다.

느티나무와 닮은 나무가 팽나무다. 우선 전체 분위기가 비슷하다. 껍질도 느티나무만큼 벗겨지지는 않지만 비슷해 보인다. 팽나무 역시 과거 마을 어귀에 많이 심었다. 지금도 아파트 단지 입구에는 느티나무나 팽나무 한두 그루를 쉽게 볼 수 있다. 하지만 팽나무의 수명은 느티나무의 절반 정도다.

효창공원에서 팽나무를 가장 확실하게 볼 수 있는 곳은 의열

겨울과 여름의 팽나무 모습. 백범 김구의 묘 안에 있는 것으로, 효창공원에서 가장 볼 만하다.

사 정문 앞 광장이다. 열 그루의 팽나무가 가로세로 줄을 맞춰 자라는 모습이 보기가 좋다. 가장 볼 만한 팽나무는 백범 김구의 묘 안쪽 왼편에 혼자 서 있는 나무다. 바깥쪽 길에서 바라봐도 멋있지만 묘지 안에서 보면 더 실감이 난다. 거대한 모습이 주위를 압도한다. 부근 모든 나무의 대장 격이다. 동문 근처의 몇 그루도 힘차다. 팽나무는 이밖에도 곳곳에 있다. 공원을 죽 둘러보면서 느티나무인지 팽나무인지 구별해 보면 재미가 있다.

팽나무의 잎과 열매는 느티나무와 확실하게 구분된다. 팽나무 잎은 작고 잎맥도 몇 개 되지 않는다. 톱니도 작고 잎의 위쪽 절반쯤에만 있다. 가을에 황색과 붉은색이 섞인 작은 열매가 하나씩 아래로 늘어져 달린다.

느티나무와 비슷한 나무가 또 있다. 비술나무다. 둘 다 느릅

팽나무의 잎과 열매(9월).

벌레혹이 가득 생긴 비술나무 잎(4월 말).

나무과인데 비술나무가 느릅나무와 더 닮았다. 공원 안에서 느릅나무는 보지 못했지만, 비술나무는 북문에서 왼쪽으로 100미터가량 떨어진 곳에 있다. 키는 별로 크지 않다. 잎 모양은 느티나무를 연상시킨다. 하지만 잎 크기가 작고 껍질도 느티나무와 달리 아래로 갈라진다.

이 비술나무의 잎에 여러 해 동안 엄청나게 많은 벌레혹이 생겼다. 징그러울 정도다. 느티나무외줄진딧물이 범인이다. 해마다 벌레혹이 번진 뒤에 약을 치는데, 그러고 나면 크게 가라앉았다가 다음해에 다시 벌레혹이 번성하는 일이 되풀이됐다. 한번 진딧물이 꾀면 방제가 완전하게 되지 않는 것 같아 안타깝다.

진딧물은 번식력이 강해 해마다 여러 차례 산란한다. 때죽나무의 가지 끝에 열매처럼 많이 달린 것도 때죽나무납작진딧물의 벌레혹이다. 진딧물은 고온 건조할 때 번식력이 더 왕성해지므로 가문 해일수록 병충해가 심해진다. 주룩주룩 내리는 비는 벌레들을 직접 쓸어버리기도 한다.

더보기 해보기

초여름 완두콩을 닮은 초록색 팽나무 열매를 대나무 대롱에 넣고 꽂을대를 꽂아 '탁' 치면 '팽' 하고 날아가는 팽총을 만들 수 있다. 가을에 익은 열매는 육질이 달콤해서 배고픈 시절 아이들의 간식거리였다. 겨울의 팽 열매는 새들이 즐겨 먹는다.

동지에서 입춘까지

8 장

12월 말에서 2월 초에 이르는 이 시기에 대한과 소한이 들어 있다. 당연히 큰 추위는 이때 집중된다. 이 시기의 나무를 일컬어 말 그대로 '겨울나무'라 할 수 있다. 겨울나무는 상록수를 제외하곤 모두 잎이 떨어져 빈 가지로 하늘을 메운다. 하늘을 배경으로 나무가 그려 내는 기하학적 아름다움을 감상할 수 있는 최고의 시기다. 자세히 들여다보면 아무리 가지가 많은 나무라도 가지들이 겹치는 법이 없다. 굵은 가지에서 점점 가늘게 뻗어 얼음장처럼 푸르디푸른 겨울 하늘에 그려진 나무의 기상, 이를 보고 있노라면 어느새 추위가 무색해진다.

겨울나무는 잎도 꽃도 없어 분별하기가 쉽지 않다. 그래서 겨울눈을 봐야 한다. 나뭇잎이 떨어진 뒤 남는 흔적인 엽흔을 봐도 어느 정도 분별이 가능하다. 엽흔에는 관다발과 이어져 있던 관속흔이 있는데 그 모양이 각양각색이다. 자연이 그려 내는 또 하나의 아름다움을 엿볼 수 있다.

추워서 더 돋보이는 나무

침엽수

소나무, 리기다소나무, 잣나무, 스트로브잣나무, 전나무, 구상나무, 주목,. 독일가문비나무, 향나무, 측백나무, 화백나무, 낙우송

침엽수는 대부분 비슷비슷해 보인다. 하지만 구별해서 보기 시작하면 활엽수보다 더 재미있다. 대개 늘푸른나무여서 더 그렇다. 역사적으로 고생대 페름기(2억 9천만 년~2억 5천만 년 전)부터 중생대 쥐라기(2억 1천만 년~1억 4천만 년 전)까지는 거의 침엽수의 세상이었다. 그다음 백악기(1억 4천만 년~6,500만 년 전)까지도 침엽수가 60%였다. 수억 년 동안 침엽수가 지구의 주인이었던 셈이다. 활엽수가 침엽수를 압도한 것은 겨우 신생대(6,500만 년 전 이후)에 들어와서다.*

침엽수는 가지 끝에 있는 눈인 정아의 힘이 강해서 대부분 위로 죽죽 뻗는다. 이를 정아우세 현상이라고 한다. 그래서 나무 모양이 늘씬하다. 반면 활엽수는 어릴 때는 정아우세 현상이 분명하지만 자라면서 옆가지가 발달해 전체적으로 둥근 모양이 되는 경우가 많다. 또 침엽수는 암수가 한꽃에 모여 있지 않고 암꽃과 수꽃이 따로 핀다. 두 꽃이 같은 나무에 있으면 일가화, 은행나무처럼 다른 나무에 있으면 이가화가 된다. 침엽수는 대부분 암꽃이 수꽃보다 위쪽에 달린다. 활력이 큰 가지 위쪽에 암꽃을 '모시는' 것이다. 자가수분을 방지하겠다는 뜻도 있다. 나무의 영양 상태가 좋으면 개화가 촉진되는데, 특히 암꽃이 늘어난다.**

소나무는 이 공원에서 개체 수가 가장 많다. 세자의 무덤이 있었던 만큼 과거에는 더 많았을 것이다. 어느 코스로 가도 소나무가 있지만, 세 곳의 묘지 안에 들어가면 소나무가 죽 둘러선 모습을 일목요연하게 볼 수 있다. 특히 가운데 삼의사 묘 안과 그 주변의 것이 모양이 제일 낫다. 우리 민족은 묘지 주변에 소나무 숲을 조성해 영혼을 달랬다. 정령 관념 때문인데, 수직으로 곧은 숲이 있어야만 영혼이 그 숲을 이용해 천상계와 지상계를 오르내리며 스스로 위로할 수 있다고 생각했다. 소나무를 묘지 주변에 많이 심은 데는 현실적인 이유도 있다. 소나무는 타감작용이 강해 뱀과 벌레들이 오는 것을 막아 주기 때문이다. 타감작용은 식물이 일정한 화학물질을 분비해 다른 생명체에 영향을 주는 것을 말한다.

소나무는 한 해에 한 마디만 자라는 고정생장형이다. 6월 초까지만 자라고 성장을 중단한다. 잣나무와 전나무도 그렇다. 그

삼의사 묘지 뒤쪽의 소나무 숲(11월).

송홧가루가 풀풀 날리는 소나무 수꽃(4월 말).

래서 마디 수를 세어 보면 나이를 대개 알 수 있다. 가지 끝에 암꽃이 피고 솔방울이 달리는데, 씨가 여무는 데는 2년가량이 걸린다. 그래서 3년 치 솔방울이 한 나무에 함께 달려 있기도 하며, 솔방울 위치를 보면 언제 것인지 알 수 있다. 서울 노인회 건물 앞쪽의 소나무에서 3세대의 솔방울을 비교하며 관찰할 수 있다.

소나무는 우리나라를 상징한다. 지리적으로 소나무 숲이 넓게 있는 곳은 동아시아의 중국·일본·한반도뿐이다. 한반도는 그 중심에 있다.*** 우리나라의 전통적인 소나무는 적송이다. 구부러진 줄기에 붉은 빛이 돈다. 이 공원의 소나무도 모두 적송이다. 소나무는 조선시대에 나라에서 보호했다. 공자 시절부터 내려온 전통에 따라 사대부들이 귀하게 여겼을 뿐만 아니라 쓸모도 많았기 때문이다. 4가지만 들자면 선박 건조, 숯 땔감, 건축 자재, 방풍 및 방조림이다. 배 만드는 데 많이 쓰인 게 의외일지 모르지만 소나무는 무겁지 않고 물에 오래 잠겨 있어도 변형이 적어 배의 재료로 제격이었다. 고려 말부터 왜구가 해안 지방에 많이 온 게 소나무를 구하기 위함이었다는 설도 있다.

소나무는 잎이 2개씩 붙어 있는 반면 리기다소나무는 3개씩이다. 큰 줄기 중간 곳곳에 녹색 잎이 불쑥불쑥 튀어나와 있는 것이 리기다소나무다. 북문에서 서문 쪽으로 가다보면 경사지에 많이 있다. 하지만 모든 리기다소나무 줄기에 잎이 나는 것은 아니다. 리기다소나무의 고향은 미국 동부지역으로, 그곳에 선 키가 훨씬 크고 줄기에 잎도 없다고 한다. 줄기의 잎은 소나무가 스트레스에 대응하는 방식이다. 이는 리기다소나무가 우리나라 땅과 충분히 어울리지 못하고 있음을 뜻한다. 한때 리기다소나무를 많이 심은 이유는 어느 곳에서나 잘 자라기 때문이었다. 거꾸로 리기다소나무 쪽에서 보면 어려운 여건에서 힘든 삶을 살아온 셈이다.

잣나무는 잎이 5개씩 달린다. 수피도 소나무와 차이가 있다. 소나무처럼 껍질이 갈라지지 않고 매끈한 편이다. 키도 훤칠하다. 공원 여러 곳에 잣나무가 있지만 정문과 서문 사이에 있는 것들이 가장 낫다. 잣방울은 솔방울보다 크다. 하나의 잣방울에

줄기 곳곳에서 잎이 난 리기다소나무(3월 초).

잣이 130개 정도 들어 있다. 다람쥐와 청서 등이 이 잣을 먹는데, 막상 해보면 껍질을 까는 일이 만만치 않음을 알게 된다. 세로로 세워서 작은 돌로 위쪽을 때리면 되지만 열매가 작아 쉽지 않다. 다람쥐도 열매를 세워 발로 잡고 깐다. 사람보다 훨씬 능숙한 모습이 감탄스럽다.

잣나무는 소나무와 더불어 절개를 상징했다. 공자의 말을 모은 《논어》에 "세한연후지송백지후조"(歲寒然後知松栢之後彫)라는 대목이 있다. "날씨가 추워진 뒤에야 소나무와 측백나무가 늦게 시든다는 것을 안다"라는 말이다. 이 백(栢)을 중국에서는 대개 측백나무, 우리나라에서는 잣나무로 해석해 왔다. 실제로 잣나무는 웬만한 소나무보다 품격이 있고 늘씬하다. 효창공원에 있는 잣나무도 그렇다.

잣나무 가운데 수피에 수액이 흘러 흰 줄이 난 게 있다. 스트로브잣나무다. 이 잣나무의 열매는 먹지 못하는 것으로 알려져 있다. 먹으면 안 된다기보다는 솔방울 씨처럼 납작해서 먹을 게 없는 데다 수액이 묻어 있는 경우가 있어 맛이 없다고 해야 할 듯하다.

전나무도 많지는 않지만 여러 곳에 있다. 전나무는 하나씩 나는 잎이 짧고 날카롭다. 잎끝에 손을 대보면 따끔거린다. 이 공원의 전나무는 대부분 키가 작지만 산에서는 끝이 안 보일 정도로 높게 자란 것을 볼 수 있다. 전나무는 소나무와 달리 줄기

줄기에 수액이 흘러내리는
스트로브잣나무(3월 중순).

가 곧다. 과거에는 목재로 쓰려고 절 부근에 많이 심었다고 한다. 목조건물이 많은 절에서는 비상시 대비책이 필요했을 것이다. 그래서 전나무를 절나무라고도 했다. 강원도 오대산 월정사 입구의 전나무 길이 유명하다. 전나무를 자주 보면 멀리서도 날카로운 잎이 살갗을 찌르는 듯한 기분이 느껴진다.

어린 전나무와 모양이 비슷한 게 구상나무다. 구상나무는 잎이 날카롭지 않아 전나무보다 포근한 느낌을 준다. 서양에서는 전나무를 크리스마스트리로 쓰다가 구상나무로 많이 바꿨다. 구상나무는 우리나라가 원산지다. 한라산 위쪽에 자생한다. 과거 미국인이 우리나라 구상나무를 가져가서 개량한 것이 세계로 퍼졌다고 한다. 그래서 구상나무를 영어권에서는 '한국 전나무'(Korean Fir)라고 한다. 효창공원에서는 구상나무를 보지 못했다.

구상나무는 잎 모양만 보면 주목과 닮았다. 하지만 구상나무는 잎 뒤쪽에 흰 기공선이 두 줄 있는 반면 주목은 앞뒤 모두 녹색이다. 주목은 곳곳에 있다. 공원의 기본 품목 가운데 하나라고 할 수 있다. 키가 크지 않고 나지막하게 깔리는 것은 눈주목이고 위로 크는 것은 선주목이다. 주목 또한 잎이 굵어 소나무보다 포근한 느낌을 준다.

전나무나 구상나무와 비슷하면서도 다른 나무 한 그루가 정문 앞 광장 끝부분의 원두막 옆에 있다. 전나무라기엔 잎이 굵고 구상나무와 달리 흰 줄이 없다. 잎끝이 뾰족하기는 하지만 찔린다고 할 정도는 아니다. 독일가문비나무다. 잎의 단면이 사각형인 게 특징이다. 몇 년 동안 지나다니면서도 잎 단면을 살펴보기 전에는 전나무인 줄 알았다.

향나무도 공원 곳곳에 있다. 향나무는 날카로운 침엽(바늘잎)과 매끈한 인엽(비늘잎)이 섞여 있는 게 특징이다. 대개 아래쪽은 침엽이고 위쪽에는 인엽이 많다. 어릴 때는 외부의 적으로부터 자신을 보호하기 위해 침엽이 필요했으나 자라면서 그렇지 않게 된 것이다. 동문 부근 원효대사 석상 옆에 가면 침엽과 인엽이 뚜렷하게 나뉘어 달린 향나무를 볼 수 있다.

향나무는 말 그대로 제례 때 향을 피우기 위해 많이 썼다. 지

잎 뒷면에 흰 줄이 있는 구상나무(1월).

주목 열매(10월 말).

독일가문비나무(6월 초).

바늘잎과 비늘잎, 열매가 함께 있는 향나무(6월 중순).

측백나무의 잎과 열매(3월 중순).

금도 서울 종로의 종묘에 가면 향나무가 많이 있는 것을 볼 수 있다. 종묘는 조선시대 왕과 왕비의 신주를 모신 곳이다. 가장 볼 만한 향나무가 있는 곳은 울릉도다. 조선 후기 이래 남벌로 많은 향나무가 사라졌지만 아직도 절벽에 갖가지 모양으로 남아서 훌륭한 볼거리를 이룬다.

측백나무는 향나무와 달리 인엽만 달린다. 역시 많지는 않지만 곳곳에 있다. 수피가 침엽수 가운데 가장 지저분한 편이다. 이 공원의 측백나무는 대개 키가 크다. 북문 부근 연못 주위에 멋진 측백나무 몇 그루를 볼 수 있다.

측백나무와 비슷한 편백나무가 건강에 좋다고 해서 인기가 있지만 효창공원에는 없다. 그와 비슷한 화백나무는 있다. 셋 다 모양이 비슷하지만 잎 뒤쪽의 기공선을 보면 구별할 수 있다.

화백나무의 잎. 뒤쪽에 더블유(W) 모양의
흰 기공선이 있다(3월 말).

측백나무는 기공선이 잘 보이지 않는 반면, 편백나무는 와이(Y) 자, 화백나무는 더블유(W) 자의 흰 기공선이 있다. 더블유 자를 엑스(X) 자로 보는 사람도 있다. 화백나무는 공원 가운데 구역의 길 주위에 경계목으로 심어져 있다. 측백나무, 향나무와 섞여 있어 쉽게 구분이 되지 않지만 찾아보는 재미가 있다.

효창공원에서 가장 키가 큰 나무를 꼽자면 낙우송을 빼놓을 수 없다. 북문과 동문 중간쯤에 두 그루가 있다. 둘 다 키가 20미터는 된다. 낙우송은 흔히 메타세쿼이아와 헷갈린다. 둘은 모양이 거의 비슷하지만 이 공원에 메타세쿼이아는 없다. 낙우송이나 메타세쿼이아는 잎 모양이 둘 다 작은 빗 꼴이다. 그런데 낙우송은 잎이 어긋나기로 달리고 메타세쿼이아는 마주나기로 달린다. 작은 잎도 낙우송 쪽이 좀더 작고 부드럽다. 열매는 뚜

웅장한 낙우송의 모습(1월)과 열매(11월).

렷하게 다르다. 낙우송의 열매가 더 크고, 메타세쿼이아와 달리 잎자루 없이 가지에 딱 붙어 있다.

메타세쿼이아는 제2차 세계대전 중이던 1941년 중국 양쯔강 상류에서 실물이 처음 발견됐다. 그전까지는 화석으로만 존재하던 나무다. 따라서 지금 지구촌 곳곳에 심어 놓은 메타세쿼이아는 나이가 아무리 많아도 70살 정도에 그친다. 반면 낙우송은 그전부터 우리 땅에서 자생했다. 그래서 낙우송 고목은 대개 메타세쿼이아보다 나이가 많고 키가 크다. 이곳 낙우송도 아마 제2차 세계대전 이전에 심었을 것이다. 그 모습이 장엄하다.

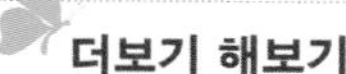

더보기 해보기

소나무와 잣나무의 잎을 잘라 단면을 루페로 들여다보자. 소나무는 반달 모양, 잣나무는 피자조각 모양이다. 2개의 잎(소나무)과 5개의 잎(잣나무)이 각각 모여 원통형을 이룬다. 나무가 보여 주는 또 하나의 경제원리다.

또 한 가지, 가는 비가 오는데 우산이 없다면 침엽수 밑으로 들어가 보자. 활엽수 아래보다 옷이 덜 젖는다. 활엽수는 물을 흘려 내리지만 침엽수는 물을 머금기 때문이다. 물론 폭우가 쏟아지면 별 차이가 없을 것이다.

---

* 탁광일 · 전영우 외 21명(2005). 《숲이 희망이다》, 80~81쪽.

** 이경준(1993). 《수목생리학》, 305쪽.

*** 탁광일 · 전영우 외 21명(2005). 《숲이 희망이다》, 248~249쪽.

그냥 있어도 빛나는 나무

물박달나무, 서어나무, 오동나무, 때죽나무, 자귀나무, 가죽나무, 산뽕나무

독특하고 매력적이어서 그냥 서 있기만 해도 도드라지는 나무들이 있다. 효창공원에도 그런 나무가 여럿이다.

우선 물박달나무다. 동문 쪽 원효대사 석상 부근에 한 그루가 있다. 10미터 이상으로 키가 훤칠하다. 은색 수피가 지저분할 정도로 거칠게 벗겨져 있어 금세 눈에 띈다. 이 나무를 보고 있으면 원시림에 들어간 느낌이 든다. 한여름에 열매가 달리기 시작한다. 솔방울을 축소시킨 것 같은데 좀 길다. 자작나무과 나무들은 열매가 모두 비슷하다.

나무껍질을 보면 약해 보이는데, 그래도 박달나무여서 단단하다. '박달나무 몽둥이'라는 옛말에 수긍이 간다. 단단한 걸로 따지면 참나무 무리가 윗길이다. 밀도가 너무 높아 배를 만들면 가라앉는다고 할 정도였다. 하지만 몽둥이가 너무 단단해선 안

물박달나무(6월 초).

된다. 적당하게 고통을 주기엔 박달나무가 참나무 무리보다 나았을 법하다. 뭐니뭐니 해도 곤장으로 악명이 높았던 건 물푸레나무다. 탄력이 있어 착착 감긴다고 한다. '물푸레나무 곤장을 금지해 달라'고 왕에게 호소하는 내용이 《조선왕조실록》에 나올 정도니 가히 짐작할 만하다. 어쨌거나 이곳의 물박달나무는 눈의 즐거움을 위해서 잘 보존할 일이다.

다음은 서어나무다. 정문 동쪽에 한 그루, 공원 한가운데 삼의사 묘 안과 바깥에 각각 한 그루가 있다. 묘 안에 있는 것이 열매가 많고 길 쪽에서 관찰하기에도 좋다. 서어나무는 수피가 독특하다. 부드럽게 매끈하면서도 울퉁불퉁해 근육질 느낌을 준다. 육체미 대회에 나온 젊은이를 연상시키는 이른바 '남자나무'다. 그래서인지 보는 것만으로도 뿌듯하다. 가끔씩 단풍나무가 이와 비슷한 모습을 보이지만 비교될 바는 아니다. 서어나무는 자작나무과임에도 열매가 독특하다. 늦여름에 작은 열매 여러 개가 겹쳐져 귀걸이처럼 아래쪽으로 늘어진다. 서어나무는 서나무라고도 한다. 한자로 서목(西木)을 서나무라고 하다가 서어나무가 된 것으로 보인다.

오동나무의 품격은 새삼 이야기할 필요가 없다. 이 공원에선 정문 오른쪽에 있는 게 가장 멋있다. 더 잘 보려면 임정요인 묘지 안으로 들어가는 게 좋다. 우선 장대하다. 키가 20미터쯤 된다. 가지도 옆으로 잘 뻗어 있다. 이 오동나무는 자리를 바꿔 여러 곳에서 볼 필요가 있다. 어느 쪽에서 봐도 고급스럽다. 봉황은 벽오동에 앉는다지만 이런 나무가 더 제격인 것 같다. 화투의 '똥광'에는 봉황이 오동나무에 앉아 있는 모습이 그려져 있다.

어린 오동나무도 여럿 있다. 잎을 만져 보면 털이 복슬복슬하다. 예전에는 집 뒤쪽 굴뚝 부근에 오동나무를 심었다. 잎의 털이 오염물질을 흡착해 연기로 인한 오염을 덜어 주는 기능을 했다. 또한 딸이 태어나면 오동나무를 심었다고 하는데, 딸이 결혼할 즈음이면 목재로 쓸 만큼 자라 가구를 만들 수 있었기 때문이다. 그래서 그런지 나무가 따뜻한 느낌을 준다. 큰 나무

근육질의 서어나무 수피(1월).

가지 끝에 열매와 겨울눈을 함께 달고 있는 오동나무(1월).

답지 않게 열매는 귀엽다. 한여름에 위쪽으로 뭉쳐서 녹색으로 달리기 시작하는데, 멀리서도 알아볼 수 있다.

이름이 독특한 때죽나무도 공원에 여러 그루가 있다. 열매를 빻아서 냇물에 풀면 독성 때문에 물고기가 떼로 죽어서 떠오른다고 해서 그런 이름이 붙었다고 한다. 임정요인 묘지 오른쪽 옆에 있는 것이 가장 크고 볼 만하다. 수피와 잎이 모두 부드러워 보인다. 꽃과 열매도 그렇다. 봄에 피는 흰 꽃은 하나씩 아래쪽으로 달린다. 처음 보는 사람은 그 매력에 푹 빠진다. 콩알만 한 열매가 하나씩 가득 늘어져 있는 모습은 귀여우면서도 풍요롭다. 때죽나무는 가지 끝에 달리는 벌레혹도 보기가 좋다. 마치 작은 풍선을 돌아가며 묶어 놓은 것 같다. 벌레혹은 겨울 내내

꽃이 만발한 때죽나무(5월 중순).

때죽나무 벌레혹(8월 초).

남아 있어 때죽나무를 식별하는 포인트가 된다.

자귀나무와 가죽나무도 독특하다. 두 나무는 잎과 꽃과 열매 등이 전혀 다르지만 겨울에는 비슷한 점이 있다. 둘 다 줄기가 시커멓고 꼭 죽은 나무처럼 보인다. 봄에 잎이 늦게 나오는 자귀나무는 더 그렇다. 자세히 보면 가죽나무 줄기의 껍질은 세로로 조금씩 갈라지는 반면 자귀나무는 그렇지가 않고 작은 점 같은 것이 촘촘하게 있다. 두 나무는 소속도 다르다. 가죽나무는 소태나무과이고 자귀나무는 콩과다. 콩과 나무에는 콩깍지 형태의 열매가 달린다. 가죽나무 열매도 콩깍지처럼 보이지만 콩깍지가 아니라 단풍나무 열매처럼 납작한 날개 속에 작은 씨가 들어 있다.

작은 점이 박혀 있는 자귀나무 수피와 잎(6월 말).

서문 부근의 웅장한 가죽나무(1월).

두 나무는 꽃이 화려하다. 가죽나무는 봄에 가지 끝에 노란 작은 꽃이 가득 뭉쳐서 달린다. 초여름에 피는 자귀나무 꽃은 공작새의 날개를 압축시켜 놓은 것처럼 아름답다. 꽃술에 부드러운 털이 달려 있어 바람이 불면 멋진 춤을 춘다. 자귀나무 꽃은 그 자체가 자연의 신비다. 이렇게 화려한 나무 꽃은 보기가 쉽지 않다. 의열사 건물 뒷담 바깥의 것이 가장 가깝게 볼 수 있어 좋다. 자귀(自歸)는 '스스로 돌아간다'는 뜻이다. 밤에 잎을 접는다고 해서 붙여진 이름이다. '스스로 가장 귀한 존재'(강판권 계명대 교수)라고 해석할 수도 있다.

가죽나무는 잎을 문지르면 콩가루 냄새가 난다. 흔히 가죽나

화려하게 꽃 피운 자귀나무(6월 말).

무의 어린잎을 나물로 먹는다고 말하지만 먹는 것은 가죽나무가 아니라 비슷한 모양의 참죽나무다. 그래서 '가짜 참죽나무'라는 뜻으로 가죽나무가 됐다고 한다. 가죽나무는 멋진 고목이 서문 부근에 있다. 참죽나무는 공원에는 없고 부근 주택가에서 한 그루를 봤다. 산에서도 가죽나무는 심심찮게 볼 수 있지만 참죽나무는 거의 눈에 띄지 않는다.

산뽕나무의 매력은 윤기가 나는 잎과 맛있는 열매다. 백범 김구의 묘 옆에 있는 여러 그루가 키가 크고 열매도 많이 달린다. 북문 부근에 있는 것은 힘이 느껴진다. 산뽕나무는 줄기가 약간 노란 빛을 띤다. 어린 가지는 특히 그렇다. 번식력이 좋아서 이 공원에서도 어린 나무의 개체수가 늘고 있다. 산뽕나무 잎은 누에가 먹고 명주실을 자아내는 데서 알 수 있듯이 만져 보면 섬유질이 느껴진다.

오디를 달고 있는 산뽕나무(5월 말).

뽕나무는 산뽕나무를 개량한 것이다. 뽕나무는 아주 오래 전부터 사람과 함께했다. 삼국시대는 물론이고 그 이전인 삼한시대에도 "누에를 치고 비단을 짜서 옷을 해 입었다"는 내용이 중국의《삼국지 위지 동이전》마한조에 나온다. 조선시대에는 경복궁과 창덕궁 등 궁궐 안에도 뽕나무를 심을 정도로 누에치기가 중요한 '국책산업'이었다.*

나무는 우주의 리듬을 상징적으로 잘 나타내는 생명체로 여겨진다. 그래서 고대 인류는 나무를 신성한 존재로 숭배했다. 그 사례가 우주수(宇宙樹) 또는 세계수다. 우주수는 신이 오르내리는 나무다. 끝없이 재생되는 살아 있는 우주 또는 우주의 중심이나 죽지 않는 삶의 원천을 상징한다. 우리나라의 경우 부상(扶桑)이 우주수로 등장한다. '상'은 뽕나무다. 뽕나무와 고대 인류와의 관계를 잘 보여 준다.**

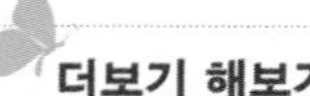

더보기 해보기

오동나무 몸통을 두드려 보자. 둥둥둥 울림이 있는 맑은 소리를 들을 수 있다. 가운데 속이 비어 있기 때문이다. 그 소리는 '오동'이라는 발음과도 어울린다.

* 박상진(2009).《우리 문화재 나무 답사기》, 130쪽.

** 탁광일·전영우 외 21명(2005).《숲이 희망이다》, 150~152쪽.

백범김구기념관과 효창공원 주변의 나무

9장

백범김구기념관

철쭉, 복자기나무, 양버즘나무

효창공원에 왔으면 백범김구기념관도 한번 둘러보자. 공원 정문에서 왼쪽으로 100미터 정도 올라가면 기념관 뒷문이 나온다. 오른쪽으로 백범 김구의 묘와 의열사 건물이 보인다. 경비실이 있는 정문은 반대편 주택가 쪽에 있다.

백범김구기념관은 '근현대사 역사박물관'이다. 대한민국임시정부 주석을 지낸 백범 김구(1876~1949)의 삶과 대한민국임시정부의 활동에 대해 공부할 수 있다. 전시관 건물과 연결된 넓은 회의장은 모임장소로 널리 쓰인다. 백범김구기념관이 건립된 것은 2002년이다. 그가 숨진 뒤 무려 53년이나 걸렸다. 우리나라 역사가 그만큼 간단치 않음을 보여 준다. 철책으로 둘러싸인 기념관 전체의 넓이는 5,552평이고 건평은 절반을 조금 넘는 2,929평이다.

기념관에는 볼 만한 나무들이 여럿 있다. 하지만 건물 뒤쪽으로는 길이 없다. 우선 전시관 앞쪽의 나무들을 둘러본 뒤 기념관 정문으로 나와 담장을 따라 뒤쪽으로 죽 돌면 전체를 볼 수 있다.

전시관 현관 앞의 큰 계단 좌우에 멋있는 소나무들이 있다. 잘 자란 소나무는 어디에 심어 놓아도 제값을 한다. 계단 아래 좌우에 배롱나무를 심은 것은 의미가 있다. '여름을 견디는 나무'이자 '모든 것을 버리는 나무'여서 독립운동가의 이미지와 걸맞다. 부근 의열사 건물 정문의 좌우에 배롱나무를 심어 놓은 것도 같은 이유일 것이다. 전시관 건물 오른쪽과 앞쪽 여기저기에 불두화가 눈에 띈다. 이 나무가 의미하는 것도 배롱나무와 비슷하다.

전시관 앞 계단 부근 여러 곳에 철쭉이 있다. 산철쭉이 아니라 철쭉을 심은 게 인상적이다. 철쭉과 산철쭉, 진달래는 모두 진달래과에 속한다. 철쭉은 진달래나 산철쭉보다 꽃이 약간 더 크고 우아하며, 잎이 가지 끝에서 5개씩 모여 달린다. 흔히 진달래꽃은 먹을 수 있어서 참꽃, 철쭉과 산철쭉 꽃은 그렇지 못하다고 해서 개꽃이라고 한다. 꽃받침 부근을 만져 보면 철쭉과 산철쭉은 끈적끈적하지만 진달래는 그렇지 않다.

겨울에 잎이 다 떨어진 철쭉은 진달래와 헷갈리기가 쉽다. 이때는 겨울눈을 보면 된다. 진달래는 가지 끝에 여러 개가 뭉쳐

철쭉(5월 중순)

진달래(4월 말)

서 달리는 반면 철쭉은 대부분 하나뿐인 데다 크기도 좀더 크다. 또 씨가 날아가고 남은 열매의 겉껍질 조각이 진달래는 아래까지 갈라져 있지만 철쭉과 산철쭉은 위쪽만 그렇게 돼 있다. 산철쭉은 구별하기가 어렵지 않다. 산철쭉은 반상록이어서 작은 잎이 조금이라도 달려 있다. 또 나무 전체가 약간 위로 치솟는 철쭉과 진달래와는 달리 산철쭉은 밑으로 가라앉는 느낌을 준다.

전시관 건물 앞쪽 담장 부근에는 느티나무, 소나무, 팽나무, 살구나무 등이 섞여 있다. 그 가운데 이곳에서 한 그루뿐인 나무가 있다. 층층나무다. 담장 쪽에 딱 붙어 있어서 그냥 지나치기 쉽다. 키는 크지 않지만 둥그렇게 잘 자라고 있다. 공원 쪽과 접한 뒷문 부근에도 한 그루가 있지만 이쪽 나무가 더 건강하고 보기에도 좋다.

겨울에도 마른 잎을 달고 있는 복자기나무(1월 중순).

정문과 뒷문 부근에 복자기나무가 몇 그루씩 있다. 이 나무는 단풍나무 무리에 속하지만 얼른 보면 느낌이 그렇지 않다. 수피가 거친 데다 3개씩 마주나는 잎도 다른 단풍나무들과는 달리 깔끔하지 않다. 겨울 내내 마른 잎이 상당히 달려 있는 것도 특징이다. 복자기나무는 단풍나무답게 빨간 단풍이 예쁘다. 도시공원에 많이 심지만 효창공원 안에서는 이 나무를 보지 못했다.

정문 쪽의 계단 끝부분에는 늘씬한 자귀나무가 세 그루 있다. 주위에 다른 나무가 없어서 더 도드라진다. 정문으로 나와 전시관 건물 뒤쪽으로 돌아가면 배드민턴장이 나온다. 훤칠한 나무들은 모두 이곳에 있다. 우선 양버즘나무다. 효창공원 안에도 곳곳에 한 그루씩 있지만 이곳에선 군락을 이룬다. 수피가 버짐이 핀 것처럼 벗겨지는 나무다. 플라타너스라는 이름으로 더 많이 알려져 있다. 과거에 가로수로 많이 심었으나 요즘에는 잘 심지 않는다. 잘 자라는 만큼 그늘이 많고 낙엽도 무성하다. 양버즘나무는 작은 공 모양의 씨앗 덩어리가 1개씩 늘어지지만 그냥 버즘나무는 2개 이상 달리는 게 다르다.

멋있는 가죽나무와 산뽕나무도 기념관 건물을 배드민턴장과 구분하는 철책 바로 안쪽에 있다. 가죽나무는 하늘로 치솟은 데다 수피가 검어 눈에 쏙 들어온다. 산뽕나무는 굵고 큰 나무 부근에 조금씩 차이가 나는 개체가 여럿 있다. 한 엄마 나무가 새끼를 친 게 아닌가 싶다. 엄마 나무는 수피가 비교적 깊게 갈라져서 다른 나무처럼 보이기도 한다. 그 뒤쪽에는 상수리나무, 느티나무가 많다. 모두 보기 좋게 잘 자랐다. 어디에 심어도 어울리는 나무들이다. 그 옆에는 아카시나무가 나란히 서 있다. 촘촘하게 조림을 한 흔적이 엿보인다. 뒷문 쪽으로 돌아 나오면 이곳에도 죽죽 뻗은 상수리나무가 운치 있게 서 있다.

작은 공 모양의 열매가 달린 양버즘나무(2월).

더보기 해보기

떨어진 양버즘나무 잎으로 왕관을 만들어 보자. 잎에 붙은 잎자루를 떼고 잎 밑둥을 적당히 접어 밑바닥이 직선이 되도록 만든다. 접은 잎사귀를 겹쳐서 떼어 낸 잎자루로 꿰어 준다. 머리에 맞을 만큼 접은 잎사귀를 꿰면 되는데 잎사귀가 접힌 부분에 다른 잎을 끼워 장식을 하면 더욱 멋진 왕관이 된다.

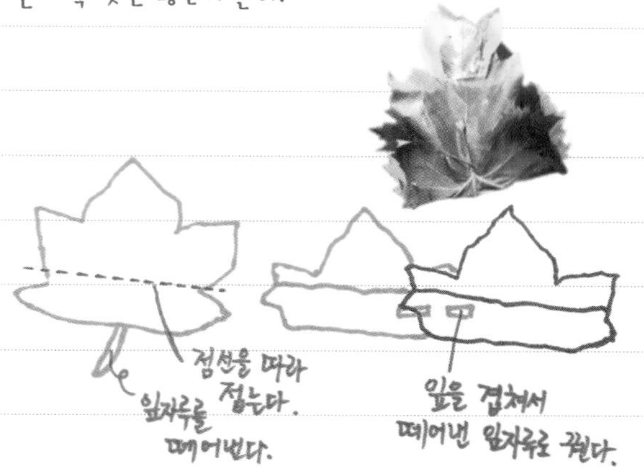

효창공원 주변

남천, 백송, 꽃사과나무, 참빗살나무, 물푸레나무, 대왕참나무,

모감주나무, 땅비싸리, 개회나무, 개잎갈나무, 해당화

효창공원 근처를 거닐면 공원 안에는 없는 여러 나무들을 만날 수 있다. 우선 북문 맞은편 요양원 건물 앞의 뜰은 작은 공원이라고 할 만하다. 이팝나무, 능소화, 홍매화는 앞에서 언급했다. 홍매화 부근에 단정한 떨기나무가 눈에 띈다. 남천이다. 세 차례 갈라진 줄기에 겹잎이 달린 모습이 기하학적인 아름다움을 느끼게 한다. 상록이지만 겨울에는 잎 색깔이 붉게 바뀐다. 봄에 줄기 끝에 뭉쳐서 피는 하얀 꽃도 깔끔하고 가을에 작은 포도송이처럼 달리는 붉은 열매도 운치가 있다. 남천은 중국에서 온 나무로 '남쪽 하늘'이라는 뜻이다. 정원수로 인기가 있는 나무다.

이곳에 백송도 한 그루 있다. 높이가 5미터 정도 된다. 백송은 벗겨진 줄기가 백색이어서 붙여진 이름이다. 소나무 종류이지

꽃을 피우기 시작한 남천(6월 중순).

수피가 얼룩덜룩한 백송(4월 초).

만 보통의 소나무와는 종이 다르다. 소나무 잎이 2개씩 달리는 것과는 달리 잎이 3개씩 붙고, 소나무보다 굵고 뻣뻣하다. 백송은 과거 귀한 나무로 여겨 궁궐에 심었다. 그만큼 격조가 있다. 이곳의 백송도 다른 나무를 압도한다. 우리나라에서 가장 유명한 백송은 서울 종로구 재동의 헌법재판소 안에 있다. 키가 17미터이고 나이가 700살에 이르는 거목이다. 불교 조계종의 본부가 있는 서울 조계사에도 멋있는 백송이 자란다.

꽃사과나무도 이곳에 있는 것이 관찰하기가 좋다. 이 나무는 사과나무에 비해 꽃과 열매가 모두 작다. 대신 꽃과 열매가 아주 많이 달린다. '사과'라는 이름에 걸맞게 열매에서 사과 맛이 약간 난다. 나무의 전체 모양도 사과나무와 닮았다.

효창공원과 그 부근에서 유일한 나무가 여기에 있다. 지날 때마다 살펴보는 즐거움이 쏠쏠하다. 참빗살나무다. 작은키나무로 겹잎이 마주난다. 잎과 꽃과 열매가 모두 예쁘지만 열매가 가장 볼 만하다. 작고 빨간 열매가 가을에 뭉쳐서 달리는데, 노박덩굴과로 사수성이어서 네 갈래로 갈라진다. 겨울에도 전체 모양이 단정해서 보기가 좋다. 두 그루가 있었는데, 하나가 2015년 가을에 사라졌다. 베어 버린 것이다. 주차장 입구에 있긴 하지만 길을 막지는 않았는데 왜 잘랐는지 모르겠다. 사람의 작은 변덕에 희생물이 된 것 같아 안타깝다.

물푸레나무도 한 그루 있다. 키가 무릎 아래인 어린 나무다.

화려하게 꽃을 피운 꽃사과나무(4월 초).

예쁜 열매를 단 참빗살나무(11월).

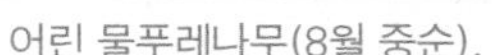

어린 물푸레나무(8월 중순).

죽죽 뻗은 대왕참나무(7월 중순).

일부러 심은 것 같지는 않고 다른 나무를 심으면서 딸려 온 듯하다. 그래도 매년 잎을 내는 것을 보면 반갑다. 큰키나무답게 계속 자랄 수 있을지 궁금하다. 물푸레나무는 5~7개의 작은 잎을 가진 겹잎이 마주난다. 젊은 나무의 수피는 짙은 회색 바탕에 흰 얼룩이 있어 눈에 띈다. 새 가지 끝에 피침 모양의 열매가 뭉쳐서 달리는 것도 구별 포인트다. 물푸레나무는 우리나라 전역에서 잘 자라므로, 눈에 담아 두면 거의 모든 산에서 만날 수 있다.

지하철 공덕역 부근의 이마트 옆에 있는 소공원에도 볼 만한 나무가 몇 있다. 우선 대왕참나무들이 싱싱하다. 지금은 키가 그다지 크지 않지만 몇 해 뒤에는 우람해질 것이다. 대왕참나무는 잎 모양이 참나무보다는 은단풍을 닮았다. 하지만 도토리가 달리는 것을 보면 분명히 참나무다. 척박한 곳에서도 잘 자라는 데다 단풍이 예뻐서 요즘 아파트단지에 많이 심는다. 대왕참나무는 '월계관 나무'이기도 하다. 1936년 독일 베를린올림픽 때 마라톤에서 금메달을 따 한민족의 긍지를 드높인 손기정 선수가 대왕참나무 가지로 만든 월계관을 썼다. 그는 이 나무의 묘목을 선물로 받아 와서 자신의 모교인 양정고등학교에 심었다. 효창공원에서 멀지 않은 만리재 고개 부근에 있던 이 학교는 여러 해 전 다른 곳으로 옮겨 가고 그 자리는 손기정 체육공원이 됐다. 이 공원에 가면 그 나무가 잘 자라고 있는 모습을 볼 수 있다.

이마트 옆 소공원의 스타는 모감주나무다. 7월에 대여섯 그루가 동시에 노란 꽃을 위쪽으로 화려하게 내민다. 꽃에서 윤기가 느껴진다. 나무들의 키가 그렇게 크지 않아 눈에 더 잘 띈다. 모감주나무는 영어로 금비나무(golden rain tree)라고 한다. 꽃 핀 모습을 조금 떨어져서 보면 정말 금으로 된 비가 쏟아지는 듯하다. 모감주나무 옆에 몇 그루가 있는 자귀나무도 관찰하기에 딱 좋은 키여서 꽃이 필 때 보면 좋다.

땅비싸리는 공원 부근 래미안아파트 단지에 많이 있다. 꽃이나 열매가 없을 때의 땅비싸리는 족제비싸리와 비슷해 헷갈리기 쉽다. 둘 다 겹잎이지만 땅비싸리는 작은 잎이 11개 이하이고 족제비싸리는 11개 이상이다. 작은 잎의 끝부분도 땅비싸리는 약간 안쪽으로 들어가 있는 반면 족제비싸리는 바깥쪽으로

멀리서 보면 신라 왕관을 연상시키는 모감주나무 꽃(7월).

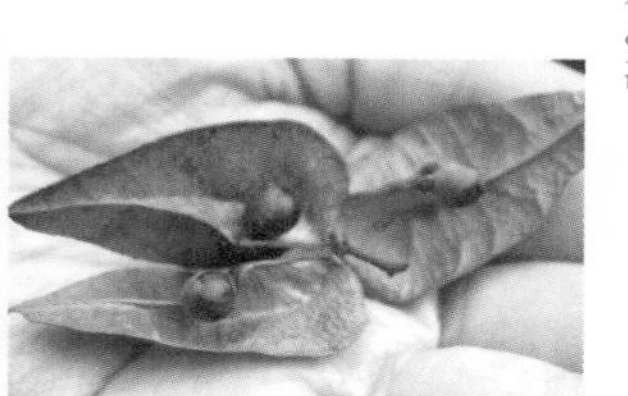

염주를 만드는 모감주나무 열매(12월).

나와 있다. 잎 크기가 땅비싸리 쪽이 작기도 하다.

이 아파트 단지에만 있는 또 다른 나무가 개회나무다. 개회나무는 회나무 무리와 비슷하지만 회나무가 속한 노박덩굴과가 아니라 물푸레나무과여서 '개'회나무가 됐다. 봄에 가지 끝에 하얀 꽃이 뭉쳐서 달리는 모습이 세련미가 있다. 산에서 자생하는 개회나무는 보기가 쉽지 않으므로 틈날 때마다 이 나무를 찾게 된다.

개잎갈나무도 여기에만 있다. 개잎갈나무는 잎갈나무나 일본잎갈나무(낙엽송)와는 달리 잎을 갈지 않는 늘푸른나무다. 그래서 '개' 자가 붙었다. 봄에 보면 연두색 새잎과 짙은 녹색의 묵은 잎이 뚜렷이 대비된다. 좀 떨어져서 보면 개잎갈나무는 소

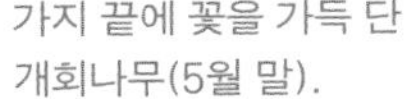

가지 끝에 꽃을 가득 단 개회나무(5월 말).

잎이 20개가량 모여서 달리는 개잎갈나무(4월 말).

나무와 비슷하다. 하지만 개잎갈나무는 잎이 20개 정도 뭉쳐서 난다. 잎갈나무는 그보다 좀 적고 일본잎갈나무는 그보다 좀 많다. 개잎갈나무는 히말라야시다라고도 한다.

효창공원 서쪽 길가에는 해당화가 있다. 꽃은 5월에 핀다. 찔레나무와 비슷하지만 줄기에 가시가 훨씬 촘촘하다. 작은 잎에 비해 꽃이 크고 향기도 좋다. 역시 이 부근에서는 여기에밖에 없는 나무다. 사실 해당화라는 이름은 사람이 붙인 것일 뿐 꼭 바닷가에서 살아야 한다는 법은 없다.

효창공원이든 아파트단지든 나무가 풍성하면 가치가 올라간다. 백범 김구는 〈나의 소원〉에서 이렇게 말한다. "산에 한 가지 나무만 나지 아니하고 들에 한 가지 꽃만 피지 아니한다. 여러

해당화꽃(5월 초)과 열매(6월 말).

가지 나무가 어울려서 위대한 삼림의 아름다움을 이루고 백 가지 꽃이 섞여 피어서 봄들의 풍성한 경치를 이루는 것이다." 그는 다양한 사상이 속박 없이 어울려야 자유의 나라가 되고 크고 높은 문화가 이뤄진다는 진리를 설파하려고 나무와 꽃의 예를 들었다. 나무와 풀도 다양하게 자라야 건강한 숲이 된다. 자연은 인간이 등장하기 훨씬 전부터 이 진리를 실천해 왔다. 갖가지 나무를 친구로 두는 것은 이 진리 속에 들어가 체험하는 것이기도 하다.

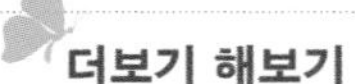

더보기 해보기

좋아하는 나무를 소재로 시를 써보자. 분명히 나무와 더 친근해질 것이다. 나무 공부를 시작한 초기에 쓴 시를 소개한다.

대왕참나무

장평 시외버스터미널에서 대왕참나무를 만났습니다.
처음에는 참나무인지 몰랐습니다.
붉은 단풍이 너무 예쁘게 들어 단풍나무 종류인 줄 알았지요.
가까이 가서 보았더니 도토리 열매가 달려 있었습니다.
도토리 열매를 단 단풍나무!
누군가 '대왕참나무'라고 알려 주었습니다.

단풍의 자태로 도토리 열매를 숨겨 놓은 나무,
이름은 마음에 들지 않지만,
짙푸른 잎을 달고 있을 때에도 만났을지 모릅니다.
다만 모르고 지나쳤겠지요.
여름 내내 나를 보아 달라고

아우성치며 가을까지 달려왔나 봅니다.
그래서 그리 붉게 피멍이 들었는지 모릅니다.

애태우고 끙끙대다 사라져 간 친구가 떠오릅니다.
그가 간 후에야 우리의 무심함이 부끄러웠습니다.
새삼 주위를 둘러봅니다.
혹시나 소리 죽여 '나를 보아 달라'고 애태우는 사람은 없는지….

가을 하늘을 가득 채운 대왕참나무가
먼저 간 친구의 소리 없는 아우성처럼
추운 내 가슴을 파고듭니다.